田立

从新手到高手

Premiere Pro

2024 从新手到高手

清華大學出版社
北 京

内 容 简 介

本书是为 Premiere Pro 2024 初学者量身定做的一本实用型案例教程。通过本书，读者不但可以系统、全面地学习和掌握 Premiere Pro 2024 的基本概念和基础操作，还可以通过大量精美范例，拓展设计思路，积累实战经验。

本书共 12 章，从基本的 Premiere Pro 2024 工作界面介绍开始，逐步深入地讲解基本操作、素材剪辑、特效应用、关键帧动画、叠加与抠像、视频调色、字幕添加、音频处理等软件核心功能及操作，最后通过两个大型实例综合演练前面所学知识。

本书不但适合 Premiere Pro 零基础读者学习，也适合作为相关院校和培训机构的教材，同时适用于广大视频编辑爱好者、影视动画制作者、影视编辑从业人员进行参考学习。

图书在版编目 (CIP) 数据

Premiere Pro 2024 从新手到高手 / 田立群 , 张璟雷

编著 . -- 北京 : 清华大学出版社 , 2024. 7. -- (从新

手到高手). -- ISBN 978-7-302-66795-7

Ⅰ . TP317.53

中国国家版本馆 CIP 数据核字第 2024WX2148 号

责任编辑：陈绿春
封面设计：潘国文
版式设计：方加青
责任校对：徐俊伟
责任印制：刘　菲

出版发行：清华大学出版社
　　　　　网　　　址：https://www.tup.com.cn，https://www.wqxuetang.com
　　　　　地　　　址：北京清华大学学研大厦 A 座　　　　　邮　　　编：100084
　　　　　社 总 机：010-83470000　　　　　　　　　　邮　　　购：010-62786544
　　　　　投稿与读者服务：010-62776969，c-service@tup.tsinghua.edu.cn
　　　　　质 量 反 馈：010-62772015，zhiliang@tup.tsinghua.edu.cn
印 装 者：大厂回族自治县彩虹印刷有限公司
经　　销：全国新华书店
开　　本：188mm×260mm　　　印　　张：13　　　字　　数：435 千字
版　　次：2024 年 9 月第 1 版　　　印　　次：2024 年 9 月第 1 次印刷
定　　价：89.00 元

产品编号：104999-01

Premiere Pro 2024是Adobe公司推出的一款专业且功能强大的优秀视频编辑软件，该软件为用户提供了素材采集、剪辑、调色、特效、字幕、输出等一整套流程，编辑方式简便实用，被广泛应用于电视节目制作、自媒体视频制作、广告制作、视觉创意、新媒体传播等领域。

一、编写目的

基于Premiere Pro 2024软件强大的视频处理能力，编者力图编写一本介绍Premiere Pro软件操作方法与常见视频制作的教程。本书以"基础知识+功能详解 + 实战操作"的形式展开，在详细讲解软件基本操作的同时，让读者跟着实战演练一起动手，以边学边做的形式体验视频制作的乐趣。

二、内容安排

本书共12章，为读者精心安排了众多极具针对性和实用性的案例，能让初学者快速领悟技术操作要点，轻松掌握Premiere Pro 2024软件的使用技巧和具体应用。也能让有一定基础的读者高效掌握重点和难点，快速提升视频编辑制作的技能。

本书内容安排如下。

章　名	内　容　安　排
第1章　视频编辑的基础知识	本章介绍视频编辑工作的入门知识，包括视频编辑工作中常见的专业术语、电视制式、常用视频和音频格式、非线性编辑等内容
第2章　Premiere Pro 2024基本操作	本章介绍 Premiere Pro 2024软件的一些入门操作和知识点，包括如何设置和保存工作区、调整项目参数、编辑项目文件、设置界面颜色、设置输出参数等内容
第3章　视频素材的基础剪辑技巧	本章主要介绍基本剪辑技巧，包括认识、导入、整理和编辑素材，使用时间轴和序列等内容
第4章　视频素材的高级剪辑技巧	本章主要介绍高级剪辑技巧，包括标记的使用、波纹编辑、滚动编辑、内滑 / 外滑编辑、插入和覆盖编辑、三点 / 四点编辑等内容
第5章　视频的转场效果	本章主要介绍各类视频转场效果的使用方法和技巧

章　名	内容安排
第6章　关键帧动画	本章主要讲解关键帧的应用方法，包括创建关键帧、移动关键帧、删除关键帧、复制关键帧以及如何运用关键帧来制作不同的视频效果等内容
第7章　视频叠加与抠像	本章主要介绍叠加与抠像技术，包括各类叠加与抠像效果的应用及调整等内容
第8章　视频素材颜色的校正与调整	本章介绍素材颜色的校正与调整，包括调色工具、调色插件以及调色技巧等内容
第9章　字幕的创建与编辑	本章介绍字幕创建与编辑的方法，包括创建并添加字幕的方法、字幕的处理、变形字幕效果以及语音转文字等内容
第10章　音频的处理技巧	本章介绍音频的处理技巧，包括调整音频增益与速度、音频剪辑混合器的使用、音频效果的应用以及音频过渡效果的应用等内容
第11章　美食活动快剪	本章以案例的形式介绍美食活动快剪的制作方法
第12章　企业宣传片	本章以案例的形式介绍企业宣传片的制作方法

三、本书写作特色

◎　由易到难　轻松学习

本书站在初学者的角度，由浅至深地对Premiere Pro 2024的工具、功能和技术要点进行了讲解。本书实例涵盖面广泛，从基本操作到行业应用均有涉及，可满足日常生活或工作中的各类视频制作需求。

◎　全程图解　一看即会

本书内容通俗易懂，以图解为主、文字为辅的形式向读者详解各类操作。通过书中的辅助插图，可以帮助读者在阅读文字的同时，更加轻松、快捷地理解软件操作。

◎　知识全面　一网打尽

除了基本内容的讲解，在书中的操作步骤中分布了实用的"提示"，用于对相应概念、操作技巧和注意事项等进行深层次解读。因此，本书可以说是一本不可多得的、能全面提升读者软件操作技能的练习手册。

四、配套资源下载

本书的配套资源包括教学视频和配套素材，请用微信扫描右侧的二维码进行下载。如果在配套资源的下载过程中碰到问题，请联系陈老师，联系邮箱chenlch@tup.tsinghua.edu.cn。

资源下载

五、作者信息和技术支持

本书由吉林动画学院设计与产品学院田立群和张璟雷编著。在编写本书的过程中，作者以科学、严谨的态度，力求精益求精，但疏漏之处在所难免，如果有任何技术上的问题，请扫描右侧的二维码，联系相关的技术人员进行解决。

技术支持

本书作为吉林省职业教育科研课题，课题名称"高等职业教育设计学类专业实践型教材建设研究"结项材料，课题编号2022-XH222696。

编者
2024年7月

目录
CONTENTS

第 4 章
视频素材的高级剪辑技巧 45

第 5 章
视频的转场效果 66

第 6 章
关键帧动画 91

Premiere Pro 2024
从新手到高手

Premiere Pro 2024 从新手到高手

第1章
视频编辑的基础知识

从事影视相关工作的人员需要掌握一些视频编辑的基本知识和相关理论，以加深对视频编辑工作的认识和领悟。本章将介绍视频编辑中的一些基础理论，具体内容包括常用视频编辑术语、电视制式、常用视音频格式、图像基础知识，以及线性编辑和非线性编辑等。

本章重点
◎ 视频编辑常用专业术语　　　　　　◎ 常用音视频格式
◎ 常用图像格式　　　　　　　　　　◎ 非线性编辑

1.1　视频编辑术语

许多初学视频剪辑的人会在工作中接触到一些专业术语，例如关键帧、帧速率、序列、缓存等。在正式学习视频剪辑操作前，了解这些术语的含义，能帮助大家更好地掌握视频编辑工作的要义，并且在一定程度上提升工作效率。

1.1.1　视频的概念

视频又称视像、视讯、录影、录像、动态图像、影音等，泛指一系列静态影像以电信号方式加以捕捉、记录、处理、储存、传送与再现的技术。视频的原理可通俗地理解为连续播放的静态图片，造成人眼的视觉残留，从而形成连续的动态影像。

1.1.2　常见专业术语

视频编辑中的常见术语主要有以下几个。

● 时长：指视频的时间长度，基本单位是秒。在Premiere Pro中所见的时长（00; 00; 00; 00）如图1-1所示，分别代表时、分、秒、帧（时; 分; 秒; 帧）。

图1-1

● 帧：视频的基础单位，可以理解为一张静态图片，即一帧。
● 关键帧：指视频中的特定帧，标记特殊的编辑或其他操作，以便控制动画的流、回放或其他特性。
● 帧速率：指每秒播放帧的数量，单位是

帧/秒（fps），帧速率越高，视频播放越流畅。
● 帧尺寸：代表帧（视频）的宽度和高度，帧尺寸越大，视频画面就越大，画面中包含的像素也越多。
● 画面尺寸：指实际画面的宽度和高度。
● 画面比例：指视频画面宽度和高度的比例，即常说的4：3、16：9。
● 画面深度：指色彩深度，对普通的RGB视频来说，8bit是最常见的。
● Alpha通道：R、G和B颜色通道之外的另一种图像通道，用来存储和传输合成时所需要的透明信息。
● 锚点：指在使用运动特效时，用来改变剪辑中心位置的点。
● 缓存：计算机存储器中一部分用来存储静止图像和数字影片的区域，它是为影片的实时回放而准备的。
● 片段：指由视频、音频、图片或任何能够输入Premiere Pro中的类似内容所组成的媒体文件。
● 序列：由编辑过的视频、音频和图形素材组成的片段。
● 润色：通过调整声音的音量、重录对白的不良部分，以及录制旁白、音乐和声音效果，从而创建高质量混音效果的过程。
● 时间码：指存储在帧画面上，用于识别视频帧的电子信号编码系统。
● 转场：指两个编辑点之间的视频或音频效果，例如，视频叠化或音频交叉渐变。
● 修剪：通过对多个编辑点进行细微调整来精确控制序列。
● 变速：在单个片段中，前进或倒转运动时动态改变速度。

- 压缩：对编辑好的视频进行重新组合时，减小视频文件大小的方法。
- 素材：影片的一小段或一部分，可以是音频、视频、静态图像或标题字幕等。

1.1.3 视频分辨率

分辨率是指用于度量图像内数据量多少的参数。在一段视频中，分辨率是非常重要的，因为它决定了位图图像细节的精细程度。通常情况下，图像的分辨率越高，所包含的像素就越多，图像就越清晰。但需要注意的是，存储高分辨率图像也会相应增加文件占用的磁盘存储空间。我们可以把整个图像想象为一个大型的棋盘，分辨率的表示方式就是棋盘上所有经线和纬线交叉点的数量。以分辨率为2436×1125的手机屏幕来说，它的分辨率代表了每一条水平线上包含2436个像素，共有1125条线，即扫描列数为2436列、行数为1125行。

这里以Premiere Pro为例，在进入"新建序列"对话框后，单击顶部的"设置"选项卡，然后在界面中单击展开"编辑模式"下拉列表，在该列表中有多种分辨率的预设选项可供选择，如图1-2所示。

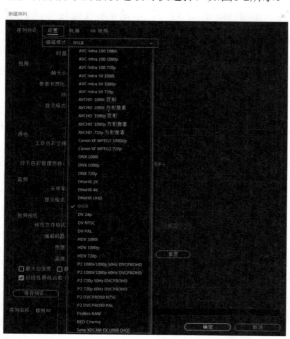

图1-2

> 📋 提示
> 在Premiere Pro中设置"宽度"和"高度"的数值后，序列的宽高比也会随数值而更改。

1.2 影视制作常用格式

在影视制作中会用到视频、音频及图像等素材，在正式学习Premiere Pro的操作之前，大家应当对视频编辑的规格、标准有清晰的认识。

1.2.1 电视制式

电视广播制式主要分为NTSC、PAL、SECAM这三种，由于各国对电视影像制定的标准不同，其制式也会有所不同。

1. NTSC制

正交平衡调幅制（National Television Systems Committee（国家电视系统委员会制式），NTSC制）是1952年由美国国家电视标准委员会指定的彩色电视广播标准。

NTSC制的帧频约为30fps（实际为29.97fps），每帧525行262线，标准的分辨率为720×480，24bit的色彩位深，画面比例为4：3或16：9。NTSC制式虽然解决了彩色电视和黑白电视广播相互不兼容的问题，但也存在相位容易失真、色彩不太稳定的缺点。图1-3所示为在Premiere Pro中新建序列时，软件提供的几种NTSC制预设选项。

图1-3

2. PAL制

正交平衡调幅逐行倒相制（Phase-Alternative Line，PAL制）是西德在1962年指定的彩色电视广播标准，采用逐行倒相正交平衡调幅的技术方法，克服了NTSC制相位敏感造成色彩失真的缺点。

PAL制的帧频是25fps，每帧625行312线，标准分辨率为720×576，画面比例为4：3。PAL制式对相位失真不敏感，图像彩色误差较小，但编码器和解码器都比NTSC制的复杂，信号处理也较麻烦，接收机的造价也高。图1-4所示为在Premiere Pro中新建序列时，软件提供的几种PAL制预设选项。

图1-4

3. SECAM制

行轮换调频制（Sequential Coleur Avec Memoire，SECAM制）是顺序传送彩色信号与存储恢复彩色信号制，由法国在1956年提出，1966年制定的一种新的彩色电视制式。

SECAM制的帧频为25fps，每帧625行312线，隔行扫描，画面比例为4：3，标准分辨率为720×576。SECAM制式的特点是不怕干扰，彩色效果好，但兼容性差。

1.2.2 常用视频格式

视频格式是视频播放软件为了能够播放视频文件而赋予视频文件的一种识别符号，可以分为适合本地播放的本地影像视频和适合在网络中播放的网络流媒体影像视频两大类。视频格式实际上是一个容器里包裹着不同的轨道，使用容器的格式关系到视频的可扩展性。

下面介绍几种常见的视频格式。

1. AVI

AVI（Audio Video Interleave）即音频视频交叉存取格式。1992年，Microsoft公司推出了AVI技术及其应用软件VFW（Video for Windows）。在AVI文件中，运动图像和伴音数据是以交织的方式存储，并独立于硬件设备。这种按交替方式组织音频和视像数据的方式使得读取视频数据流时，能更有效地从存储媒介得到连续的信息。构成一个AVI文件的主要参数包括视像参数、伴音参数和压缩参数等。AVI具有非常好的扩充性。这个规范由于是由微软公司制定的，因此微软全系列的软件，包括编程工具VB、VC都提供了最强有力的支持，因此，更加奠定了AVI格式在个人计算机上的视频霸主地位。由于AVI本身的开放性，获得了众多编码技术研发商的支持，不同的编码使AVI格式不断完善，现在几乎所有运行在个人计算机上的通用视频编辑系统，都是支持AVI格式的。

2. FLV

FLV格式是Flash Video格式的简称，随着Flash MX的推出，Macromedia公司开发了属于自己的流媒体视频格式——FLV格式。FLV流媒体格式是一种新的视频格式，由于它形成的文件极小、加载速度也极快，使网络观看视频文件成为可能，FLV视频格式的出现有效地解决了视频文件导入Flash后，使导出的SWF格式文件体积庞大，不能在网络上很好地使用等缺点。

3. MOV

MOV格式是美国Apple公司开发的一种视频格式。MOV视频格式具有很高的压缩比率和较高的视频清晰度，其最大的特点还是跨平台性，不仅能支持macOS操作系统，也能支持Windows操作系统。MOV格式的文件主要由QuickTime软件播放，该格式具有跨平台、存储空间小等技术特点，此外，采用了有损压缩方式的MOV格式文件，画面效果较AVI格式稍好。

4. MPEG

MPEG（Moving Picture Export Group）是1988年成立的一个专家组，它的工作是开发满足各种应用的运动图像及其伴音的压缩、解压缩和编码描述的国际标准。MPEG标准有MPEG-1、MPEG-2、MPEG-4、MPEG-7和MPEG-21。MPEG系列国际标准已经成为影响最大的多媒体技术标准，对数字电视、视听消费电子产品、多媒体通信等信息产业中的重要产品都产生了深远的影响。

5. WMV

WMV格式（Windows Media Video）是微软公司推出的一种采用独立编码方式并且可以直接在网上实时观看视频节目的文件压缩格式。WMV视频格式的主要优点：本地或网络回放、可扩充的媒体类型、可伸缩的媒体类型、多语言支持、环境独立性、丰富的流间关系以及扩展性等。

6. RMVB

RMVB格式是由RM视频格式升级而延伸出来的新型视频格式，RMVB视频格式的先进之处在于打破了原先RM格式使用的平均压缩采样的方式，在保证平均压缩比的基础上更加合理利用比特率资源。也就是说对于静止和动作场面少的画面场景采用较低编码速率，从而留出更多的带宽，这些带宽会在出现快速运动的画面场景时被利用掉。这就在保证了静止画面质量的前提下，大幅地提高了运动图像的画面质量，从而在图像质量和文件大小之间达到平衡。同时，与DVDrip格式相比，RMVB视频格式也有着较明显的优势，一部大小为700MB左右的DVD影片，如将其转录成同样品质的RMVB格式，最多也就400MB左右。不仅如此，RMVB视频格式还具有内置字幕和无需外挂插件支持等优点。

1.2.3 常用音频格式

本节将介绍一些常见的音频格式。

1. WAV

WAV格式是微软公司开发的一种声音文件格式，用于保存Windows平台的音频信息资源，被Windows平台及其应用程序所支持。WAV格式支持MSADPCM、CCITT A LAW等多种压缩算法，支持多种音频位数、采样频率和声道，标准格式的WAV文件和CD格式一样，也是44.1K的采样频率，速率为88K/秒，16位量化位数。尽管音色出众，但压缩后的文件体积过大，相对于其他音频格式而言是一个缺点。WAV格式也是目前PC机上广为流行的声音文件格式，几乎所有的音频编辑软件都能识别WAV格式。

2. MP3

MP3格式，其全称是动态影像专家压缩标准音频层面3（Moving Picture Experts Group Audio Layer III），它利用人耳对高频声音信号不敏感的特性，将时域波形信号转换成频域信号，并划分成多个频段，对不同的频段使用不同的压缩率，对高频加大压缩比（甚至忽略信号），对低频信号使用小压缩

比，保证信号不失真。这样一来就相当于抛弃人耳基本听不到的高频声音，只保留能听到的低频部分，从而将声音用1：10甚至1：12的压缩率压缩，所以具有文件小、音质好的特点。由于这种压缩方式的全称为MPEG Audio Player 3，所以人们把它简称为MP3。

3. MIDI

MIDI（Musical Instrument Digital Interface）格式又称为乐器数字接口。MIDI允许数字合成器和其他设备交换数据。MID文件格式由MIDI继承而来。MID文件并不是一段录制好的声音，而是记录声音的信息，然后再告诉声卡如何再现音乐的一组指令。这样一个MIDI文件每存1分钟的音乐只用大约5KB～10KB。MID文件主要用于原始乐器作品、流行歌曲的业余表演、游戏音轨以及电子贺卡等。

4. WMA

WMA格式（Windows Media Audio）是微软公司推出的与MP3格式齐名的一种新的音频格式。由于WMA在压缩比和音质方面都超过了MP3，更是远胜于RA（Real Audio），即使在较低的采样频率下也能产生较好的音质。WMA 7之后的WMA支持证书加密，未经许可（即未获得许可证书），即使是非法拷贝到本地，也是无法收听的。

5. AAC

AAC（Advanced Audio Coding）实际上是高级音频编码的缩写，AAC是由Fraunhofer IIS-A、杜比和AT&T共同开发的一种音频格式，它是MPEG-2规范的一部分。AAC所采用的运算法则与MP3的运算法则有所不同，AAC通过结合其他的功能来提高编码效率。它还同时支持多达48个音轨、15个低频音轨、更多种采样率和比特率、多种语言的兼容能力、更高的解码效率。总之，AAC可以在比MP3文件缩小30%的前提下提供更好的音质，被手机界称为"21世纪数据压缩方式"。

1.2.4 常用图像格式

在计算机中常用的图像存储格式有BMP、TIFF、JPEG、GIF、PSD和PDF等。下面进行简单介绍。

1. BMP

BMP格式是Windows中的标准图像文件格式，它以独立于设备的方法描述位图，各种常用的图形图像软件都可以对该格式的图像文件进行编辑和处理。

2. TIFF

TIFF格式是常用的位图图像格式，TIFF位图可具有任何大小的尺寸和分辨率，用于打印、印刷输出的图像建议存储为该格式。

3. JPEG

JPEG格式是一种高效的压缩格式，可对图像进行大幅度的压缩，最大限度地节约网络资源，提高传输速度，因此用于网络传输的图像一般存储为该格式。

4. GIF

GIF格式可在各种图像处理软件中通用，是经过压缩的文件格式，占用空间较小，适合于网络传输，一般常用于存储动画效果图片。

5. PSD

PSD格式是Photoshop软件中使用的一种标准图像文件格式，可以保留图像的图层信息、通道蒙版信息等，便于后续修改和特效制作。一般在Photoshop中制作和处理的图像建议存储为该格式，以最大限度地保存数据信息，待制作完成后再转换成其他图像文件格式，进行后续的排版、拼版和输出工作。

6. PDF

PDF格式又称可移植（或可携带）文件格式，具有跨平台的特性，并包括对专业的制版和印刷生产有效的控制信息，可以作为印刷领域通用的文件格式。

1.3 数字视频编辑基础

视频后期编辑可分为线性编辑和非线性编辑两类，下面进行具体介绍。

1.3.1 线性编辑

编辑机通常由一台放像机和一台录像机组成，通过放像机选择一段合适的素材并播放，由录像机记录有关内容。然后使用特技机、调音台和字幕机来完成相应的特技，并进行配音和字幕叠加，最终合成影片。由于这种编辑方式的存储介质通常是磁带，记录的视频信息与接收的信号在时间轴上的顺序紧密相关，形似一条完整的直线，所以被叫做线性编辑。但如果要在已完成的磁带中插入或删除一个镜头，那该镜头之后的内容就必须全部重新录制一遍。由此可以看出，线性编辑的缺点相当明显，而且需要辅以大量专业设备，操作流程复杂，投资大，对于普通家庭来说是难以承受的。

1.3.2 非线性编辑

非线性编辑是指剪切、复制或粘贴素材，无须在素材的存储介质上重新安排它们。非线性编辑借助计算机来进行数字化制作，几乎所有的工作都在计算机里完成，不再需要过多的外部设备。另外，对素材的调用也是瞬间实现，不用反反复复在磁带上寻找，突破了单一的时间顺序编辑限制，可以按各种顺序排列，具有快捷简便、随机的特性。

非线性编辑在编辑方式上呈非线性的特点，能够很容易地改变镜头顺序，而这些改动并不影响已编辑好的素材。非线性编辑中的"线"指的是时间，而不是信号。

1.3.3 非线性编辑基本流程

任何非线性编辑的工作流程，都可以简单地分为输入、编辑、输出三个步骤。当然对于不同软件功能的差异，其工作流程还可以进一步细化。以Premiere Pro为例，其工作流程主要分为以下5个步骤。

1. 素材采集与输入

采集就是利用Premiere Pro软件，将模拟视频、音频信号转换成数字信号存储到计算机中，或者将外部的数字视频存储到计算机中，成为可以处理的素材。输入主要是把其他软件处理过的图像、声音等素材导入Premiere Pro中。

2. 素材编辑

素材编辑就是设置素材的入点与出点，以选择需要的部分，然后按时间顺序组接不同素材的过程。

3. 特技处理

对于视频素材，特技处理包括转场、特效、合成叠加。对于音频素材，特技处理包括转场、特效。令人震撼的画面效果就是在这一过程中产生的。非线性编辑软件功能的强弱，往往也是体现在这方面。配合某些硬件，Premiere Pro还能够实现特技播放。

4. 字幕制作

字幕是节目中非常重要的部分，它包括文字和图形两个方面。在Premiere Pro中制作字幕非常方便，并且还有大量的模板可以使用。

5. 输出和生成

节目编辑完成后，可以选择生成视频文件，便于分享到网络，或进行实时观赏等。

1.3.4　非线性编辑系统构成

非线性编辑系统是计算机技术和电视数字化技术的结晶。它使电视制作的设备由分散到简约，制作速度和画面效果均有很大提高。非线性编辑的实现，软件和硬件的支持缺一不可，这就组成了非线性编辑的系统构成。

1. 硬件构成

从硬件上看，一个非线性编辑系统由计算机、视频卡、声卡、硬盘、显示器、CPU、非线性编辑板卡（如特技加卡）以及外围设备构成。

早期的非线性编辑系统大多选择macOS平台，只是由于早期的macOS与PC机相比，在交互和多媒体方面有着很大的优势，但是随着PC技术的不断发展，PC机的性能和市场上的优势反而越来越大。大部分新的非线性编辑系统厂家倾向于采用Windows操作系统。

2. 软件构成

一套完整的PC非线性编辑系统还应该有编辑软件，编辑软件由非线性编辑软件以及二维动画软件、三维动画软件、图像处理软件和音频处理软件等构成，有些软件是与硬件配套使用的，这里不再赘述。

1.4　本章小结

本章主要介绍了与视频编辑相关的基础理论知识，包括视频编辑常见专业术语、影视制作常用的视音频格式，以及线性编辑与非线性编辑等。希望大家能认真学习本章内容，熟记相关概念和知识，为后续学习视频编辑操作打下良好的理论基础。

第2章
Premiere Pro 2024 基本操作

本章主要介绍Premiere Pro 2024的一些基础操作方法，包括工作界面、项目与素材的基本操作、Premiere Pro 2024的优化设置、输出视频等。

本章重点

◎ 工作界面　　　　　　　　　　◎ Premiere Pro优化设置
◎ 创建与保存项目文件　　　　　◎ 输出视频

本章的效果如图2-1所示。

图2-1

2.1　认识 Premiere Pro 2024 工作界面

Premiere Pro是一个功能强大的视频编辑工具，也是目前比较流行的非线性编辑软件之一，其应用范围非常广泛，能够满足广大视频编辑者的不同需求，本书以Premiere Pro 2024版本进行讲解。

2.1.1　Premiere Pro 2024 启动界面

启动Premiere Pro 2024后，首先打开的是"主页"界面，单击该界面中的功能按钮，可以新建和打开项目文件，如图2-2所示。

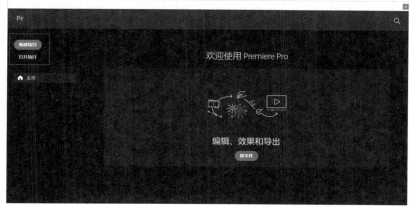

图2-2

单击"新建项目"按钮，会进入"导入"面板，在"项目名"文本框中输入项目名称，在"项目位置"框设置项目文件的保存位置，最后单击右下角的"创建"按钮，即可创建项目文件，如图2-3所示。

图2-3

创建项目后，会自动进入Premiere Pro的视频编辑工作界面，如图2-4所示。

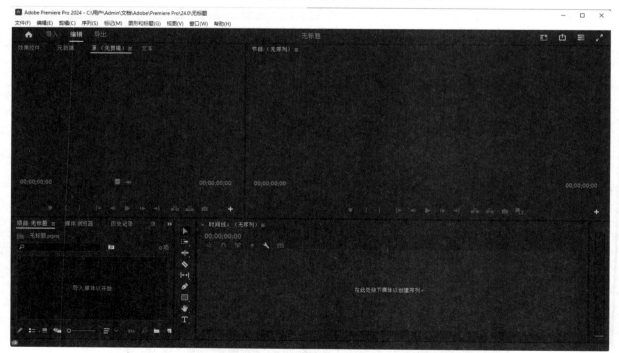

图2-4

2.1.2 Premiere Pro 的工作区

首次进入Premiere Pro 2024，显示的是Premiere Pro 2024的默认工作界面，用户可以根据视频编辑的需要调整工作界面。单击工作界面右上角的"工作区"按钮，打开如图2-5所示的工作区列表，用户可以自由选择系统提供的14个不同的工作区界面。

2.1.3 实例：设置和保存工作区

为了简化工作流程，Premiere Pro 2024工作界面会隐藏一部分不常用的面板，用户可以根据需要重新显示这些面板，并保存起来作为新的工作区。本例讲解"备用"工作区的创建方法。

STEP 01 执行"窗口"→"效果"命令，打开"效果"面板，如图2-6所示。

图2-5

图2-6

STEP 02 执行"窗口"→"历史记录"命令，打开"历史记录"面板，拖曳面板边缘可以随意调整面板大小，如图2-7所示。

图2-7

STEP 03 执行"窗口"→"工作区"→"另存为新工作区"命令，即可将当前工作界面保存为新的工作区，如图2-8所示。

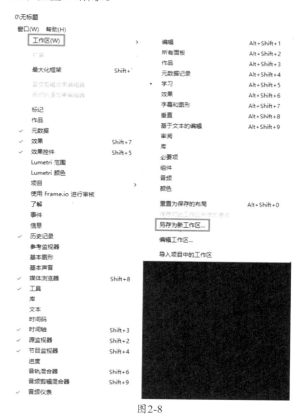

图2-8

2.2 项目与素材的基本操作

在Premiere Pro 2024中，编辑视频项目的基本操作包括创建项目、导入素材、编辑素材、添加视音频特效和输出视频等。下面详细讲解处理视频项目时的各项基本操作。

2.2.1 素材、序列、项目的关系

素材、序列、项目的层次关系：序列包含素材，项目包含序列和素材。可以简单地理解为将多个素材编排成一个序列，如图2-9所示。

图2-9

一个项目中可以存在多个序列，一个序列可以理解为一个故事视频，素材是剪辑视频中需要放入的各个片段。

1. 素材的存在形式

素材在不同面板中的形式是不一样的，素材在"项目"面板中以缩略图或列表的形式存在，在"时间轴"面板中以进度条的形式存在，如图2-10所示。

2. 序列的存在形式

序列存在于"项目"面板中，通常在所有素材后面；而在"时间轴"面板中，序列是处于打开状态的，且"时间轴"面板展示了序列中的所有素材和编辑情况，如图2-11所示。

图2-10

图2-11

3. 项目

项目是整个项目文件，一个项目的所有文件都存在于"项目"面板中，包括素材、序列等。注意，项目并不等于序列，因为打开项目就会打开序列，项目的情况和序列一样，但是随着剪辑的进行，一个项目中可能会包含多个序列。

2.2.2 实例：调整项目参数

在Premiere Pro中，如果对创建的项目设置不满意，可以通过执行相关命令，对项目参数进行调整修改。下面讲解调整项目参数的具体操作。

STEP 01 在Premiere Pro 2024中创建项目或打开项目的情况下，执行"文件"→"项目设置"→"常规"命令。

STEP 02 打开"项目设置"对话框，在"常规"选项卡中，可以调整视频显示格式和音频显示格式，以及动作与字幕安全区域，如图2-12所示。

STEP 03 切换至"暂存盘"选项卡，在该选项卡中可以设置视频、音频的存储路径，如图2-13所示。

STEP 04 完成项目参数的调整后，单击对话框中的"确定"按钮即可。

图2-12

图2-13

2.2.3　保存项目文件

对项目进行保存操作，可以方便用户随时打开项目进行二次编辑处理。在Premiere Pro 2024中保存项目的方法主要有以下几种。

- 执行"文件"→"保存"命令（快捷键Ctrl+S），可快速保存项目文件，如图2-14所示。

图2-14

- 执行"文件"→"另存为"命令（快捷键Ctrl+Shift+S），如图2-15所示，打开"保存项目"对话框，在其中可设置项目名称及存储路径，如图2-16所示，单击"保存"按钮即可保存项目。

图2-15

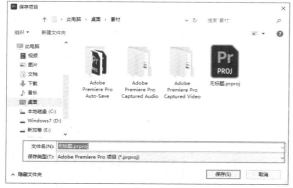

图2-16

- 执行"文件"→"保存副本"命令（快捷键Ctrl+Alt+S），如图2-17所示，打开"保存

项目"对话框，在其中可设置项目名称及存储位置，如图2-18所示，单击"保存"按钮即可将当前项目保存为副本文件。

图2-17

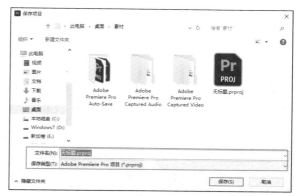

图2-18

2.2.4　实例：编辑项目文件

要将"项目"面板中的素材添加到"时间轴"面板，只需选中"项目"面板中的素材，然后将它们拖入"时间轴"面板中的相应轨道上即可。将素材拖入"时间轴"面板后，可对素材进行编辑处理，例如控制素材播放速度、调整持续时间等。

STEP 01 启动Premiere Pro 2024，按快捷键Ctrl+O，打开素材文件夹中的"编辑项目文件.prproj"项目文件。进入工作界面后，可以看到"项目"面板中已经创建好的序列和导入的素材文件，如图2-19所示。

图2-19

STEP 02 在"项目"面板中选中"橙子.mp4"素材，将其拖入"时间轴"面板的V1视频轨道中，如图2-20所示。

图2-20

STEP 03 在"时间轴"面板中右击"橙子.mp4"素材，在弹出的快捷菜单中选择"速度/持续时间"选项，如图2-21所示。

STEP 04 打开"剪辑速度/持续时间"对话框，这里显示素材的"持续时间"为00:00:12:01，如图2-22所示。

STEP 05 在对话框中调整"持续时间"为00:00:13:00，如图2-23所示，然后单击"确定"按钮。

STEP 06 完成上述操作后，可在"时间轴"面板中查看素材的持续时间，此时素材持续时间已变为13s，如图2-24所示。

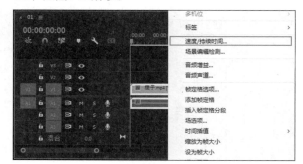

图2-21

图2-22

图2-23

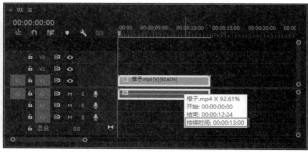

图2-24

2.3 Premiere Pro 2024 的优化设置

2.3.1 设置 Premiere Pro 2024 界面颜色

启动Premiere Pro 2024时，默认界面颜色是纯黑色，但Premiere Pro界面颜色是可调整的，执行"编辑"→"首选项→"外观"命令，打开"首选项"对话框，此时会自动跳转到"外观"选项卡，只需要拖动"亮度"滑块即可调整界面亮度，向左拖动为深色，向右拖到为浅色，如图2-25所示。

2.3.2 设置 Premiere Pro 2024 快捷键

在Premiere Pro中有一些快捷键，在剪辑进行时可以快速操作，但有些未设置的快捷键，可以手动设置，执行"编辑"→"快捷键"命令，打开"键盘快捷键"对话框，如图2-26所示。在快捷键布局区查看键位和功能的关系，也可以在"命令"选项区中设置快捷键。

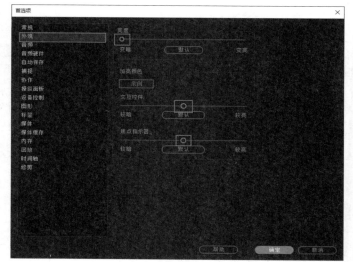

图2-25

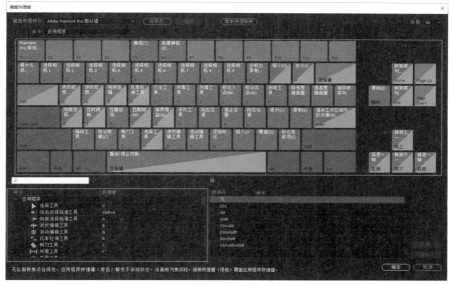

图2-26

2.4 输出视频

在视频编辑完成后，若要得到便于分享和随时观看的视频，需要将Premiere Pro中的剪辑进行输出。通过Premiere Pro自带的输出功能，可以将视频输出为各种格式，以便分享到网上与朋友共同观赏。

2.4.1 视频输出类型

Premiere Pro 2024提供了多种输出选择，用户可以将剪辑输出为不同类型的视频，以满足不同观众的观看需要，还可以与其他编辑软件进行数据交换。

执行"导出"→"设置"→"格式"命令，可以查看Premiere Pro所支持的输出类型，或者执行"文件"→"导出"命令快捷查看，如图2-27所示。

图2-27

部分视频输出类型介绍如下。

● 媒体（M）：选择该项，将打开"导出"对话框，如图2-28所示，在该对话框中可以进行各种格式的媒体输出设置和操作。

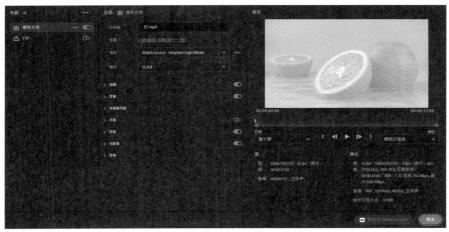

图2-28

- 字幕（C）：用于单独输出在Premiere Pro 2024中创建的字幕文件。
- 磁带（DV/HDV）（T）：选择该选项，可以将完成的视频直接输出到专业录像设备的磁带上。
- EDL（编辑决策列表）：选择该选项，将打开"EDL导出设置"对话框，如图2-29所示，在其中进行设置并输出一个描述剪辑过程的数据文件，可以导入到其他的编辑软件中进行编辑。

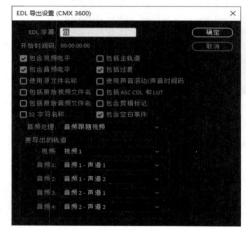

图2-29

- OMF（公开媒体框架）：可以将序列中所有激活的音频轨道输出为OMF格式，再导入其他软件中继续编辑润色。
- AAF（高级制作格式）：将视频输出为AAF格式，该格式支持多平台多系统的编辑软件，是一种高级制作格式。
- Final Cut Pro XML（Final Cut Pro交换文件）：用于将剪辑数据转移到Final Cut Pro剪辑软件上继续进行编辑。

2.4.2 输出参数设置

决定视频质量的因素有很多，例如，编辑所使用的图形压缩类型、输出的帧速率、播放视频的计算机系统配置等。输出视频之前，需要在"导出"对话框中对导出视频的质量进行参数设置，不同的参数设置所输出的视频效果也会有较大的差别。

选择需要输出的序列文件，执行"文件"→"导出"→"媒体"命令（快捷键Ctrl+M），打开"导出"对话框（图2-28）。

导出设置参数介绍如下。

- 格式：在右侧的下拉列表中可以选择输出视频文件的格式。

- 预设：用于设置输出视频的制式。
- 文件名：设置输出视频文件的名称。
- 位置：设置输出视频文件保存的位置。
- 视频：默认为打开状态，如果关闭开关，则表示不输出该视频的图像画面。
- 音频：默认为打开状态，如果关闭开关，则表示不输出该视频的声音。
- 导出：单击该按钮，开始输出视频。
- 范围：用于设置导出全部素材或"时间轴"中指定的区域。

2.4.3 实例：输出单帧图像

在Premiere Pro 2024中，可以选择视频序列的任意一帧，将其输出为一张静态图片。下面介绍输出单帧图像的操作方法。

STEP 01 启动Premiere Pro 2024，按快捷键Ctrl+O，打开素材文件夹中的"输出单帧图像.prproj"项目文件。进入工作界面后，可以看到"时间轴"面板中已经添加好的一段视频素材，如图2-30所示。

图2-30

STEP 02 在"时间轴"面板中选择"桃子.mp4"素材，然后将时间指示器移至00:00:03:00处（即确定要输出的单帧图像画面所处时间点），如图2-31所示。

图2-31

STEP 03 执行"文件"→"导出"→"媒体"命令，或按快捷键Ctrl+M，打开"导出"对话框，如图2-32所示。

图2-32

STEP 04 在"导出"对话框中，展开"格式"下拉
列表，在下拉列表中选择JPEG格式，然后单击"位
置"选项的右侧文字，如图2-33所示，在打开的"另
存为"对话框中，为输出文件设定名称及存储路径，
单击"保存"按钮，如图2-34所示。

STEP 05 在"视频"选项组中，取消勾选"导出为
序列"复选框，如图2-35所示。

STEP 06 单击预览区域右下角的"导出"按钮，如
图2-36所示。

📎 提示

　　在上述步骤中，若设置格式后不取消勾选"导
出为序列"对话框，那么最终在存储文件夹中将导
出连串序列图像，而不是单帧序列图像。

图2-33

图2-34

图2-35

图2-36

STEP 07 完成上述操作后，可在设定的存储路径中找到输出的单帧图像文件，如图2-37所示。

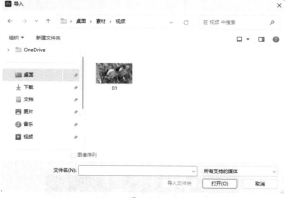

图2-37

☑ 2.4.4 实例：输出序列文件

Premiere Pro 2024可以将编辑完成的视频输出为一组带有序列号的序列图片。下面介绍输出序列图片的操作方法。

STEP 01 启动Premiere Pro 2024，按快捷键Ctrl+O，打开素材文件夹中的"序列文件输出.prproj"项目文件。进入工作界面后，在"时间轴"面板中选择"伞.mp4"素材，并将时间指示器移至素材起始位置，如图2-38所示。

图2-38

STEP 02 执行"文件"→"导出"→"媒体"命令，或按快捷键Ctrl+M，打开"导出"对话框。展开"格式"下拉列表，在下拉列表中选择JPEG格式，也可以选择PNG或TIFF等格式，如图2-39和图2-40所示。

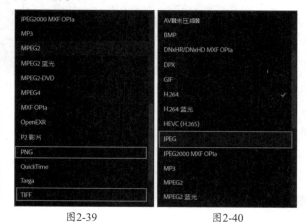

图2-39　　　　　　　图2-40

STEP 03 单击"输出名称"右侧文字，在打开的"另存为"对话框中，为输出文件设定名称及存储路径，如图2-41所示，完成后单击"保存"按钮。

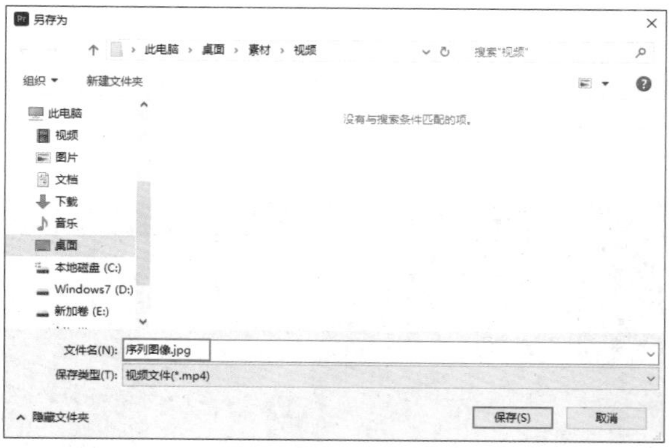

图2-41

STEP 04 在"视频"选项组中勾选"导出为序列"复选框，如图2-42所示。

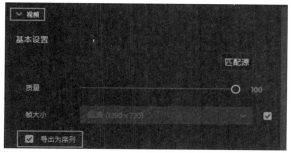

图2-42

STEP 05 完成上述操作后，单击"导出"对话框底部的"导出"按钮，导出完成后可以在设定的存储路径中找到输出的一系列序列图像文件，如图2-43所示。

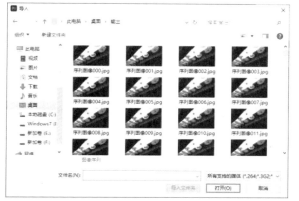

图2-43

2.4.5 实例：输出 MP4 格式影片

MP4格式是目前比较主流且常用的一种视频格式，下面介绍如何在Premiere Pro 2024中输出MP4格式的视频。

STEP 01 启动Premiere Pro 2024，按快捷键Ctrl+O，打开素材文件夹中的"MP4格式影片.prproj"项目文件。进入工作界面后，将"项目"面板中的"桃花.mp4"素材拖入"时间轴"面板的V1轨道，如图2-44所示。

图2-44

STEP 02 打开"剪辑不匹配警告"对话框，单击"保持现有设置"按钮，如图2-45所示。

图2-45

STEP 03 执行"文件"→"导出"→"媒体"命令，或按快捷键Ctrl+M，打开"导出"对话框。展开"格式"下拉列表，在下拉列表中选择"H.264"格式，然后展开"缩放"选项的下拉列表，选择"缩放以填充"选项，如图2-46所示。

STEP 04 单击"位置"选项的右侧文字，在打开的"另存为"对话框中，为输出文件设定名称及存储路径，如图2-47所示，完成后单击"保存"按钮。

图2-46

图2-47

STEP 05 切换至"多路复用器"选项组，在"多路复用器"下拉菜单中选择MP4选项，如图2-48所示。

图2-48

STEP 06 切换至"视频"选项卡，取消勾选该选项卡中的"长宽比"右边的复选框，选择"D1/DV PAL宽银幕16:9（1.4587）"选项，如图2-49所示。

图2-49

STEP 07 设置完成后，单击"导出"按钮，视频开始输出，同时弹出正在渲染对话框，在该对话框中可以看到输出进度和剩余时间，如图2-50所示。

图2-50

STEP 08 完成上述操作后，可在设定好的存储路径中找到输出的MP4格式影片文件，如图2-51所示。

图2-51

2.5　本章小结

　　本章主要介绍了Premiere Pro 2024的工作界面，以及各工作面板的作用和基本使用方法，以帮助读者快速了解Premiere Pro 2024的工作环境。随后还简单介绍了Premiere Pro 2024的具体工作流程，并通过多个实例帮助读者体验Premiere Pro 2024的工作流程。希望通过本章的学习，能帮助读者进一步了解Premiere Pro 2024的操作方法。

第3章
视频素材的基础剪辑技巧

剪辑是对所拍摄的镜头（视频）进行分割、取舍和组建的过程，并将零散的片段拼接为一个有节奏、有故事感的作品。对视频素材进行剪辑是确定影片内容的重要操作，用户需要熟练掌握素材剪辑的技术与技巧。本章将详细讲解视频素材剪辑的各项基本操作方法。

本章重点

◎ 蒙太奇的概念　　　　　　　　◎ 剪辑常用工具

◎ 镜头衔接的原则　　　　　　　◎ 添加、删除轨道

◎ 调整素材的播放速度　　　　　◎ 插入和覆盖编辑

本章的效果如图3-1所示。

图3-1

3.1 认识剪辑

剪辑是视频制作过程中必不可少的一道工序，在一定程度上决定了视频作品的优劣，可以影响作品的叙事、节奏和情感，更是视频的二次升华和创作基础。剪辑的本质是通过视频中主体动作的分解、组合来完成蒙太奇形象的塑造，从而传达故事情节，完成内容的叙述。

3.1.1 蒙太奇的概念

蒙太奇是法文Montage的音译，原为装配、剪切之意，是一种在影视作品中常见的剪辑手法。在电影的

创作中，电影艺术家先把全篇所要表现的内容分成许多不同的镜头，进行分别拍摄，然后按照原先规定的创作构思，把这些镜头组接起来，通过平行、连贯、悬念、对比、暗示、联想等拍摄手法，形成各个有组织的片段和场面，直至得到一部完整的影片。这种按导演的创作构思组接镜头的方法就是蒙太奇。

蒙太奇表现方式大致可分为两类：叙述性蒙太奇和表现性蒙太奇。

1. 叙述性蒙太奇

叙述性蒙太奇是通过一个个画面来讲述动作、交代情节、讲述故事。叙述性蒙太奇有连续式、平行式、交叉式、复现式四种基本形式。

- 连续式：连续式蒙太奇沿着一条单一的情节线索，按照事件的逻辑顺序，有节奏地连续叙事。这种叙事自然流畅、朴实平顺，但由于缺乏时空与场面的变换，无法直接展示同时发生的情节，难于突出各条情节线之间的队列关系，不利于概括，易有拖沓冗长、平铺直叙之感。因此，在一部影片中绝少单独使用，多与平行式、交叉式蒙太奇交混使用，相辅相成。
- 平行式：在影片故事发展过程中，通过两件或三件内容性质上相同，而在表现形式上不尽相同的事，同时异地并列进行，而又互相呼应、联系，起着彼此促进、互相刺激的作用，这种方式就是平行式蒙太奇。平行式蒙太奇不存在时间的因素，而重在几条线索的平行发展，靠内在的意念把各条线的戏剧动作紧紧地接在一起。采用迅速交替的手段，造成悬念和逐渐强化的紧张气氛，使观众在极短的时间内，看到两个情节的发展，最后又相互结合在一起。
- 交叉式：在交叉式蒙太奇中，有两个以上具有同时性的动作或场景交替出现。它是由平行式蒙太奇发展而来的，但更强调同时性、密切的因果关系及迅速频繁的交替表现，因而能使动作和场景产生互相影响、互相加强的作用。这种剪辑技巧极易引起悬念，造成紧张激烈的气氛，加强矛盾冲突的尖锐性，是掌握观众情绪的有力手法。惊险片、恐怖片和战争片常用此法造成追逐和惊险的场面。
- 复现式：复现式蒙太奇，即前面出现过的镜头或场面，在关键时刻反复出现，造成强

调、对比、呼应、渲染等艺术效果。在影视作品中，各种构成元素，如人物、景物、动作、场面、物件、语言、音乐、音响等，都可以通过精心构思反复出现，以期产生独特的寓意和印象。

2. 表现性蒙太奇

表现性蒙太奇（也称对列蒙太奇）不是为了叙事，而是为了某种艺术表现效果的需要。它不是以事件发展顺序为依据的镜头组合，而是通过不同内容镜头的队列来暗示、比喻、表达一个原来不曾有的新含义，一种比人们所看到的表面现象更深刻、更富有哲理的东西。表现性蒙太奇在很大程度上是为了表达某种思想或某种情绪意境，造成一种情感的冲击。表现性蒙太奇有对比式、隐喻式、心理式和累积式四种形式。

- 对比式：即把两种思想内容截然相反的镜头并排在一起，利用它们之间的冲突造成强烈的对比，以表达某种寓意、情绪或思想。
- 隐喻式：隐喻式蒙太奇是一种独特的影视比喻，它通过镜头的队列，将两个不同性质的事物之间的某种相类似的特征突显出来，以此喻彼，刺激观众的感受。隐喻式蒙太奇的特点是巨大的概括力和简洁的表现手法相结合，具有强烈的情绪感染力和造型表现力。
- 心理式：即通过镜头的组接展示人物的心理活动。如表现人物的闪念、回忆、梦境、幻觉、幻想甚至潜意识的活动。其片段性、跳跃性以及主观性较强。
- 累积式：即把一连串性质相近的同类镜头组接在一起，造成视觉的累积效果。累积式蒙太奇也可用以叙事，也可成为叙述性蒙太奇的一种形式。

3.1.2 镜头衔接的技巧

无技巧衔接就是通常所说的"切"，是指不用任何电子特技，而是直接用镜头的自然过渡来衔接镜头或者段落的方法，常用的衔接技巧有以下几种。

- 淡出淡入：淡出是指上一段落最后一个镜头的画面逐渐隐去直至黑场，淡入是指下一段落第一个镜头的画面逐渐显现直至正常的亮度。这种技巧可以给人一种间歇感，适用于自然段落的转换。
- 叠化：叠化是指前一个镜头的画面和后一个镜头的画面相叠加，前一个镜头的画面逐渐

隐去，后一个镜头的画面逐渐显现的过程，两个画面有一段过渡时间。叠化特技主要有以下几种功能：一是用于时间的转换，表示时间的消逝；二是用于空间的转换，表示空间已发生变化；三是用叠化表现梦境、划像、回忆等插叙、回叙场合；四是表现景物变幻莫测、琳琅满目、目不暇接。

- 划像：划像可分为划出与划入。前一画面从某一方向退出荧屏称为划出，下一个画面从某一方向进入荧屏称为划入。划出与划入的形式多种多样，根据画面进、出荧屏的方向不同，可分为横划、竖划、对角线划等。划像一般用于两个内容意义差别较大的镜头的衔接。

- 键控：键控分黑白键控和色度键控两种。其中，黑白键控又分内键与外键，内键可以在原有彩色画面上叠加字幕、几何图形等；外键可以通过特殊图案重新安排两个画面的空间分布，把某些内容安排在适当位置，形成对比性显示。色度键控常用在新闻片或文艺片中，可以把人物嵌入奇特的背景中，构成一种虚设的画面，增强艺术感染力。

3.1.3 镜头衔接的原则

影片中镜头的前后顺序并不是杂乱无章的，在视频编辑的过程中往往会根据剧情需要，选择不同的衔接方式。镜头衔接的总原则：合乎逻辑，内容连贯，衔接巧妙。具体可分为以下几点。

1. 符合观众的思想方式和影视表现规律

镜头的衔接不能随意，必须符合生活的逻辑和观众思维的逻辑。因此，影视节目要表达的主题与中心思想一定要明确，这样才能根据观众的心理要求，即思维逻辑来考虑选用哪些镜头，以及怎样将它们有机地组合在一起。

2. 遵循镜头调度的轴线规律

所谓的"轴线规律"是指拍摄的画面是否有"跳轴"现象。在拍摄时，如果摄像机的位置始终在主体运动轴线的同一侧，那么构成画面的运动方向、放置方向都是一致的，否则称为"跳轴"。"跳轴"的画面一般情况下是无法组接的。在进行组接时，遵循镜头调度的轴线规律拍摄的镜头，能使镜头中主体物的位置、运动方向保持一致，合乎人们观察事物的规律，否则就会出现方向性混乱。

3. 景别的过渡要自然、合理

表现同一主体的两个相邻镜头衔接时要遵守以下原则。

- 两个镜头的景别要有明显变化，不能把同机位、同景别的镜头衔接。因为同一环境里的同一对象，机位不变，景别又相同，两镜头衔接后会产生主体的跳动。

- 景别相差不大时，必须改变摄像机的机位，否则也会产生明显跳动，就像一个连续镜头从中截取一段。

- 对不同主体的镜头衔接时，同景别或不同景别的镜头都可以衔接。

4. 镜头衔接要遵循"动接动"和"静接静"的规律

如果画面中同一主体或不同主体的动作是连贯的，可以动作接动作，达到顺畅、简洁过渡的目的，简称为"动接动"；如果两个画面中的主体运动是不连贯的，或者它们中间有停顿时，那么这两个镜头的衔接必须在前一个画面主体做完一个完整动作停下来后，再接上一个从静止到运动的镜头，称为"静接静"。

"静接静"衔接时，前一个镜头结尾停止的片刻叫"落幅"，后一镜头运动前静止的片刻叫"起幅"。起幅与落幅的时间间隔大约为1～2s。运动镜头和固定镜头衔接，同样需要遵循这个规律。如一个固定镜头要接一个摇镜头，则摇镜头开始时要有起幅；相反一个摇镜头接一个固定镜头，那么摇镜头要有落幅，否则画面就会给人一种跳动感。有时为了实现某种特殊效果，也会用到"静接动"或"动接静"的衔接方式。

5. 光线、色调的过渡要自然

在衔接镜头时，要注意相邻镜头的光线与色调不能相差太大，否则会导致镜头衔接太突兀，使人感觉影片不连贯、不流畅。

3.1.4 剪辑的基本流程

在Premiere Pro中，剪辑可分为整理素材、初剪、精剪和完善四个流程，具体介绍如下。

1. 整理素材

前期的素材整理对后期剪辑具有非常大的帮助。通常在拍摄时会把一个故事情节分段拍摄，拍摄完成后，浏览所有素材，只选取其中可用的素材，为可用部分添加标记便于二次查找。然后可以按脚本、景别、角色将素材进行分类排序，将同属性的素材文件存放在一起。整齐有序的素材文件可提高剪辑的效率和影片的质量，并且可以显示出剪辑的专业性。

2. 初剪

初剪又称为"粗剪"，将整理完成的素材按脚本进行归纳、拼接，并按照影片的中心思想、叙事逻辑逐步剪辑，从而粗略剪辑成一个无配乐、旁白、特效的影片初样，以这个初样作为影片的雏形，逐步完成整部影片。

3. 精剪

精剪是影片制作中最重要的剪辑工序，是在粗剪（初剪）的基础上进行的剪辑操作，进一步挑选和保留优质镜头及内容。精剪可以控制镜头的长度、调整镜头分剪与剪接点等，是决定影片优劣的关键步骤。

4. 完善

完善是剪辑影片的最后一道工序，它在注重细节调整的同时更注重节奏感。通常在该步骤中会将导演的情感、剧本的故事情节，以及观众的视觉追踪注入整体架构中，使整部影片更具看点和故事性。

3.2 导入并整理素材

本节将讲解一些导入和整理素材的方法，具体包括导入素材、导入常规素材、导入静帧序列素材、导入PSD格式的素材、查找素材、整理素材等操作。

3.2.1 导入常规素材

素材导入Premiere Pro的方式有很多种，本节将讲解四种比较快捷和实用的导入方式。

1. 在"导入"面板导入素材

Premiere Pro 2024添加了全新的开始界面，默认在新建项目后自动进入开始界面内的"导入"面板，在"导入"面板可以通过滑动光标快速预览视频素材的内容，如图3-2所示。

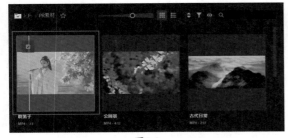

图3-2

将光标移至素材的位置，素材的左上方会出

现可以进行交互的复选框，勾选复选框可以选中素材，在界面底部单击"导入"按钮即可完成素材的导入，如图3-3所示。

图3-3

2. 使用媒体浏览器

"媒体浏览器"能自动检测计算机上的素材文件，可以显示一个具体的文件，也可以查看并自定义与素材相关的元数据。"媒体浏览器"面板左侧有一系列导航文件夹，单击其右上角的←和→按钮可以更改浏览层级，如图3-4所示。

可以单独选中一个素材，也可以选中一个文件夹，然后按住鼠标左键将素材拖至"项目"标签上，如图3-5所示。待切换到"项目"面板后，将光标移至面板内，如图3-6所示，释放鼠标左键即可将所选素材导入"项目"面板，如图3-7所示。

图3-4   图3-5

图3-6   图3-7

3. 双击"项目"面板的空白区域

在"项目"面板的空白区域双击或按快捷键Ctrl+1，可以直接打开"导入"对话框，然后根据路径选择需要的素材，单击"打开"按钮，如图3-8所示，即可导入所选素材，如图3-9所示。

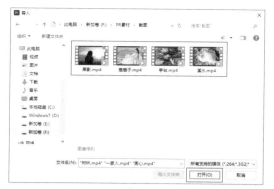

图3-8

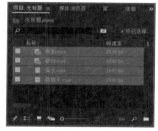

图3-9

4. 直接拖曳

在计算机中打开素材所在的文件夹，然后选择需要导入的素材，将其直接拖至"项目"面板中，即可导入所选素材，如图3-10所示。

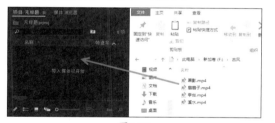

图3-10

3.2.2 导入静帧序列素材

静帧就是静态的图像，静帧序列就是将多幅静态图像按次序排好，以形成一段影像。

在"项目"面板的空白区域双击，在打开的"导入"对话框中选中要导入的静帧序列素材，接着勾选对话框下方的"图像序列"复选框，然后单击"打开"按钮导入，如图3-11所示。

图3-11

此时"项目"面板中出现了序列素材"1·png"，然后按住鼠标左键将该序列拖至"时间轴"面板的V1轨道上，如图3-12所示。

图3-12

在"时间轴"面板中拖动时间指示器即可查看序列视频，如图3-13所示。

图3-13

3.2.3 导入 PSD 格式的素材

PSD是原理图文件，也是Photoshop默认保存的文件格式，该格式可以保留Photoshop的所有图层、色板、蒙版、路径、未点阵化文字以及图层样式等，Premiere Pro可以直接导入PSD文件。

在"项目"面板的空白区域双击，打开"导入"对话框，选择"田园风光.psd"素材文件，并单击"打开"按钮导入，如图3-14所示。此时会打开"导入分层文件：XXX"对话框，可以在"导入为"的下拉列表中选择"合并所有图层"选项，最后单击"确定"按钮，如图3-15所示。

此时在"项目"面板中会以图片的形式出现导入的"田园风光"合成素材，接着按住鼠标左键将

其拖至"时间轴"面板中的V1轨道上，如图3-16所示。此时画面效果如图3-17所示。

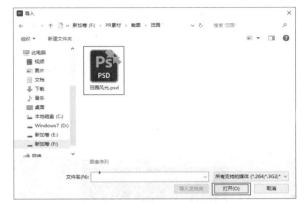

图3-14

图3-15

图3-17

3.2.4 在"项目"面板中查找素材

将"项目"面板切换到列表视图模式，单击"项目"面板中的"名称"栏，"项目"面板中的项目会按字母（数字）降序或升序显示，如图3-18和图3-19所示。

同理，在"项目"面板中单击其他属性名称，也可以对素材进行排列，属性包括帧速率、媒体开始、媒体结束、视频持续时间、视频入点、视频出点、子剪辑开始、子剪辑结束。

可以根据需要移动属性栏，例如单击"媒体持续时间"属性栏，然后向左拖至"媒体开始"属性栏左侧，待▌图标出现时，如图3-20所示，释放鼠标

左键，即可将"媒体持续时间"属性栏移至"媒体开始"属性栏的左侧，如图3-21所示。

当"项目"面板中的素材数量过多时，在"项目"面板的搜索框中输入想要搜索的素材的关键词，就能搜索出相应的素材，如图3-22所示。搜索完成后，单击搜索框右侧的×按钮，即可取消搜索返回"项目"面板。

图3-18

图3-19

图3-20

图3-21

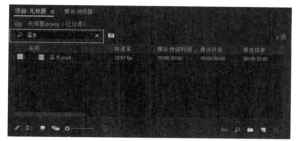

图3-22

3.2.5 设置素材箱整理素材

随着项目不断变大，可以创建新的素材箱来容纳新增内容。虽然创建和使用素材箱不是必需的操作（尤其对于简易项目而言），但是它们对于组织项目文件来说非常有用。

在Premiere Pro中有4种新建素材箱的方法，具体介绍如下。

● 单击"项目"面板底部的"新建素材箱"按钮□，Premiere Pro会在"项目"面板中创建一个新素材箱并显示其名称，也可以重命名，如图3-23所示。

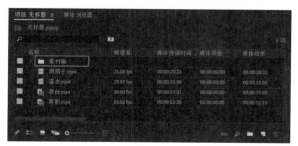

图3-23

● 在选中"项目"面板的情况下，执行"文件"→"新建"→"素材箱"命令（快捷键为Ctrl+B），可以在"项目"面板中创建新素材箱，如图3-24所示。

● 在"项目"面板的空白区域右击，然后在弹出的快捷菜单中选择"新建素材箱"选项，如图3-25所示。

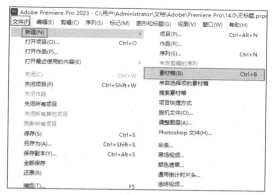

图3-24

图3-25

● 当"项目"面板中已有素材时，可以选中需要的素材，并直接拖至"新建素材箱"按钮□上创建素材箱，如图3-26所示。

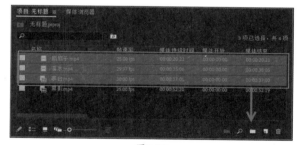

图3-26

可根据需求将素材按类型放置在对应的素材箱中，实现对素材的归类和整理。单击素材箱前的展开图标▶即可显示素材箱中的内容，如图3-27所示。

图3-27

更改素材箱视图与更改"项目"面板中素材的显示方式相同,可以分别单击"列表视图"按钮、"图标视图"按钮、"自由变换视图"按钮,效果如图3-28所示。

图3-28

3.2.6 设置素材标签

"项目"面板和"素材箱"面板中的每个素材箱和素材都有其标签颜色。在列表图标中,名称左侧显示了每个素材箱和素材的标签颜色,如图3-29所示。

将素材添加到序列中时,"时间轴"面板中将显示此颜色,例如,音频和视频素材标签分别为绿色和紫色,将它们分别拖至"时间轴"面板中,视频素材剪辑条为紫色,音频素材剪辑条为绿色,如图3-30所示,便于后续管理和识别素材类型。

图3-29

图3-30

当素材过多时,可以将素材箱和素材设置为不同的标签颜色,也可以将同类素材箱或同类素材设置为相同的标签颜色,方便在编辑时识别素材。在素材箱中选中素材并右击,在弹出的快捷菜单中选择"标签"子菜单中需要替换的颜色选项即可,如图3-31和图3-32所示。

图3-32

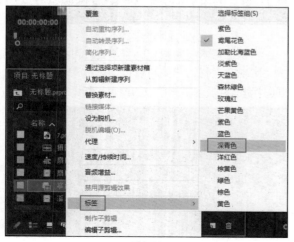

图3-31

3.3 编辑素材

本节将讲解编辑素材的一些操作方法,包括在"源"监视器面板中编辑素材、加载素材、标记素材、设置素材的入点和出点、创建子剪辑等操作。

3.3.1 在"源"监视器面板中编辑素材

在将素材放进视频序列之前,可以在"源"监视器面板中对素材进行预览和修整,如图3-33所示。要使用"源"监视器面板预览素材,只要将

"项目"面板中的素材拖入"源"监视器面板（或双击"项目"面板中的素材），然后单击"播放一停止切换"按钮▶即可预览素材。

图3-33

"源"监视器面板的主要功能按钮说明如下。

- 添加标记▣：单击该按钮，可以在时间指示器位置添加一个标记，快捷键为M。添加标记后再次单击该按钮，可打开标记设置对话框。
- 标记入点▮：单击该按钮，可以将时间指示器所在位置标记为入点。
- 标记出点▮：单击该按钮，可以将时间指示器所在位置标记为出点。
- 转到入点◀：单击该按钮，可以使时间指示器快速跳转到片段的入点位置。
- 后退一帧（左侧）◀▮：单击该按钮，可以使时间指示器向左移动一帧。
- 播放-停止切换▶：单击该按钮，可以预览素材片段。
- 前进一帧（右侧）▮▶：单击该按钮，可以使时间指示器向右移动一帧。
- 转到出点▶▮：单击该按钮，可以使时间指示器快速跳转到片段的出点位置。
- 插入▣：单击该按钮，可将"源"监视器面板中的素材插入序列中时间指示器的后方。
- 覆盖▣：单击该按钮，可将"源"监视器面板中的素材插入序列中时间指示器的后方，并覆盖其后的素材。
- 导出帧▣：单击该按钮，将打开"导出帧"对话框，如图3-34所示，可以导出时间指示器所处位置的单帧图像。
- 按钮编辑器▣：单击该按钮，将打开如图3-35所示的"按钮编辑器"对话框，可以根据需求调整按钮的布局。
- 仅拖动视频▣：将光标移至该按钮上方，将出现手形图标，此时可以将视频素材中的视频单独拖至序列中。

图3-34

图3-35

- 仅拖动音频▣：将光标移至该按钮上方，将出现手形图标，此时可以将视频素材中的音频单独拖至序列中。

3.3.2 加载素材

双击"项目"面板中的素材或将素材拖至"源"监视器面板中，可以在"源"监视器面板中显示素材，以便对其进行查看或添加标记等操作，如图3-36和图3-37所示。

若要关闭"源"监视器面板中的素材，单击"源"监视器面板的菜单按钮▤，在弹出菜单中选择"关闭"选项，从而关闭指定素材，也可以选择"全部关闭"选项关闭所有素材，如图3-38所示。

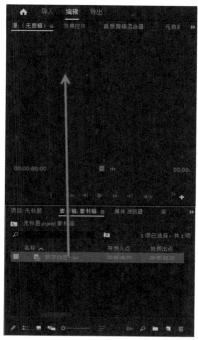

图3-36

27

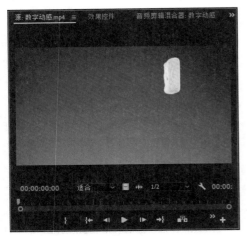

图3-37

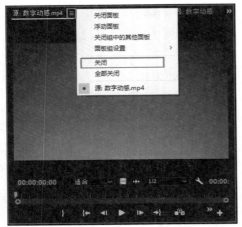

图3-38

3.3.3 标记素材

在"源"监视器面板中打开素材后,可以按空格键播放当前素材(再次按空格键即暂停),也可以单击播放条下面的图标进行一系列的操作,还可以拖曳时间指示器快速浏览视频内容,如图3-39所示。

图3-39

在播放过程中,单击"添加标记"图标■或按M键来标记相应画面,如图3-40所示。该功能通

常用于"卡点"。对一段素材进行标记操作后,在"源"监视器面板中的播放条上会出现标记符号,如图3-41所示。

图3-40

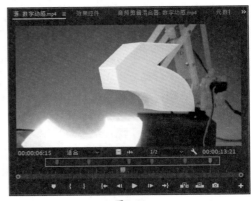

图3-41

在空白区域右击,在弹出的快捷菜单中选择"转到下一个标记"或"转到上一个标记"选项,时间指示器将直接跳转到下一个或上一个标记点的位置,以便查找标记点的时间码或画面,如图3-42和图3-43所示。若要删除、隐藏、显示标记符号,可以右击,然后在弹出的快捷菜单中选择对应的选项。

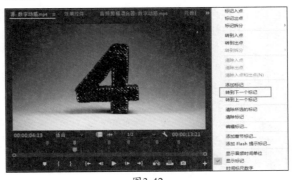

图3-42

图3-43

在"源"监视器面板、"节目"监视器面板和"时间轴"面板中都有播放条，且都有相同的功能按钮，它们的功能都是相同的。将有标记的素材拖至"时间轴"面板中后，序列中的剪辑条上也会保留相同的标记点，如图3-44所示。

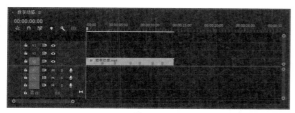

图3-44

3.3.4　设置入点与出点

在使用素材制作剪辑时，通常只会使用其中一段，此时即可在"源"监视器面板中通过单击"标记入点"按钮 和"标记出点"按钮，设置素材的播放起点或结束点。下面介绍具体的操作方法。

STEP 01 播放素材或拖曳时间指示器，找到需要的视频片段的起点，单击"标记入点"按钮 （快捷键I），设置视频入点，如图3-45所示。

图3-45

STEP 02 继续播放素材或拖曳时间指示器，找到需要的视频片段的结束点，单击"标记出点"按钮

（快捷键O），设置视频出点，如图3-46所示。

图3-46

此时回到"项目"面板中查看素材，"视频入点""视频出点""视频持续时间"是截取的视频片段的属性，如图3-47所示。

图3-47

将"项目"面板中的素材拖至"时间轴"面板中，素材就是截取后的片段。单击"转到入点"按钮 （快捷键Shift+I）或"转到出点"按钮 （快捷键Shift+O），将时间指示器移至对应的时间点，如图3-48所示。

图3-48

若使用一个素材的多个片段，可以单击"插入"按钮 将当前片段直接插入"时间轴"面板，然后继续编辑，继续插入。注意，在单击"插入"按钮时，素材片段是插入到"时间轴"面板中时间指示器的后面。同理，单击"覆盖"按钮 是使用当前片段覆盖掉时间指示器后面的剪辑片段。

3.3.5　创建子剪辑

若有一个素材，想保留其中的一个片段或几个片段，以便后续使用，且又不影响源素材在"项目"面板的属性，就可以通过创建子剪辑来完成。

在"源"监视器面板中通过单击"标记入点"按钮 ▮和"标记出点"按钮 ▮选择需要的剪辑范围，在剪辑画面上右击，在弹出的快捷菜单中选择"制作子剪辑"选项，如图3-49所示。

图3-49

打开"制作子剪辑"对话框，根据需要设置"名称"，单击"确定"按钮，如图3-50所示。

图3-50

子剪辑创建完成后，会在"项目"面板中生成子剪辑，且显示子剪辑的"名称""媒体开始""媒体持续时间"等信息，如图3-51所示。注意，子剪辑与常规剪辑的属性相同，可以用素材箱的形式对其进行组织，区别在于子剪辑的图标 ▣ 与常规剪辑的图标 ▣ 不同，在原始剪辑上制作子剪辑后，原始剪辑会一直保留素材的入点和出点，可以在"源"监视器面板中打开原始剪辑，然后右击，在弹出的快捷菜单中执行"清除入点"和"清除出点"命令。

图3-51

3.3.6 实例：添加素材片段

本实例将在"源"监视器面板中为素材设置入点和出点，然后将入点和出点之间的素材片段添加至"时间轴"面板中。下面介绍具体的操作方法。

STEP 01 启动Premiere Pro 2024，按快捷键Ctrl+O，打开路径文件夹中的"添加素材片段.prproj"项目文件。

STEP 02 在"项目"面板中双击"月饼.mp4"素材，将其在"源"监视器面板中打开，此时素材片段的总时长为40s，如图3-52所示。

图3-52

STEP 03 在"源"监视器面板中，将时间指示器移至00:00:05:05处，单击"标记入点"按钮 ▮，将当前时间点标记为入点，如图3-53所示。

图3-53

STEP 04 将时间指示器移至00:00:13:08处，单击"标记出点"按钮 ▮，将当前时间点标记为出点，如图3-54所示。

图3-54

STEP 05 将素材从"项目"面板中拖入"时间轴"面板，即可看到素材片段的持续时间由00:00:40:03变为了00:00:08:04，如图3-55所示。

图3-55

3.4 使用时间轴和序列

在Premiere Pro 2024中，"时间轴"面板和序列是剪辑操作时必不可少的两项工具。

3.4.1 认识"时间轴"面板

"时间轴"面板主要负责完成大部分的剪辑工作，还可以用于查看并处理序列。剪辑工作是必须且高频使用这个面板的，可以说"时间轴"面板是剪辑的基石，如图3-56所示。

图3-56

3.4.2 "时间轴"面板功能按钮

"时间轴"面板可以编辑和剪辑视频、音频，为文件添加字幕、效果等，如图3-57所示。

图3-57

"时间轴"面板功能按钮的具体说明如下。

- 时间指示器位置 `00:00:15:00`：显示当前时间指示器所在的位置。
- 时间指示器：单击并拖曳时间指示器即可显示当前播放的时间位置。
- 切换轨道锁定：单击此按钮，该轨道停止使用。

- 切换同步锁定：单击此按钮，可以限制在修剪期间的轨道转移。
- 切换轨道输出：单击此按钮，即可隐藏该轨道中的素材文件，以黑场视频的形式呈现在"节目"监视器面板中。
- 静音轨道 M：单击此按钮，音频轨道会将当前声音静音。
- 独奏轨道 S：单击此按钮，该轨道可成为独奏轨道，其他轨道的内容将不再显示。
- 画外音录制：单击此按钮，即可进行录音操作。
- 轨道音量 0.0：数值越大，轨道音量越大。
- 缩放轨道：更改时间轴的时间间隔，向左滑动级别增大，显示面积减小；反之，级别变小，素材显示面积增大。
- 视频轨道 V1：可以在该轨道中编辑静帧图像、序列、视频等素材。
- 音频轨道 A1：可以在该轨道中编辑音频素材。

3.4.3 视频轨道控制区

视频轨道控制区可编辑静帧图像、序列、视频等素材，如图3-58所示。

图3-58

3.4.4 音频轨道控制区

音频轨道控制区可以编辑各种音频素材，如图3-59所示。

图3-59

3.4.5 显示音频时间单位

在"源"监视器面板时间标尺上右击，在弹出的快捷菜单中选择"显示音频时间单位"选项，如

图3-60所示。操作完成后，可查看音频时间单位显示情况，如图3-61所示。

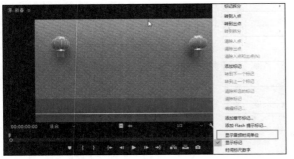

图3-60

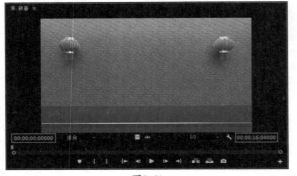

图3-61

3.4.6 实例：添加/删除轨道

Premiere Pro 2024软件支持用户添加多条视频轨道、音频轨道或音频子混合轨道，以满足项目的编辑需求。下面介绍如何在Premiere Pro 2024中添加和删除轨道。

STEP 01 启动Premiere Pro 2024，按快捷键Ctrl+O，打开素材文件夹中的"轨道操作.prproj"项目文件。进入工作界面后，可在"时间轴"面板中查看当前轨道分布情况，如图3-62所示。

图3-62

STEP 02 在轨道编辑区的空白区域右击，在弹出的快捷菜单中选择"添加轨道"选项，如图3-63所示。

图3-63

STEP 03 打开"添加轨道"对话框，在其中可以添加视频轨道、音频轨道或音频子混合轨道。单击"视频轨道"选项组中"添加"参数后的数字1，激活文本框，输入数字2，如图3-64所示，单击"确定"按钮，即可在序列中新增两条视频轨道，如图3-65所示。

图3-64　　　　　　　　图3-65

> 🎁 **提示**
>
> 在"添加轨道"对话框中，可以展开"放置"下拉列表，选择将新增的轨道放置在已有轨道的上方（之前）或下方（之后）。

STEP 04 删除轨道。在轨道编辑区的空白区域右击，在弹出的快捷菜单中选择"删除轨道"选项，如图3-66所示。

图3-66

STEP 05 在打开的"删除轨道"对话框中勾选"删除音频轨道"复选框，如图3-67所示，单击"确定"按钮，关闭对话框。

图3-67

STEP 06 上述操作完成后，可以查看序列中的轨道分布情况，如图3-68所示。

图3-68

3.4.7 锁定与解锁轨道

在"项目"面板中单击V1轨道中的"切换轨道锁定"按钮 🔒，将停止使用V1轨道，如图3-69所示。

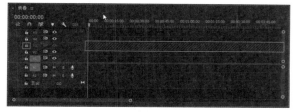

图3-69

再单击"切换轨道锁定"按钮 🔒，即可继续使用V1轨道，如图3-70所示。

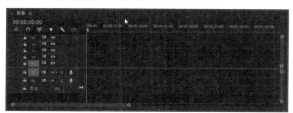

图3-70

3.4.8 创建新序列

创建新序列有两种方法，具体的操作方法如下。

1. 通过菜单栏创建

在菜单栏中执行"文件"→"新建"→"序列"命令，如图3-71所示，也可以使用快捷键Ctrl+N

图3-71

直接进入"新建序列"对话框，根据素材设置序列格式和名称，然后单击"确定"按钮，此时新建的序列出现在"项目"面板中和"时间轴"面板中，如图3-72所示。

图3-72

2. 通过"项目"面板创建

在"项目"面板中的空白区域右击，在弹出的快捷菜单中选择"新建项目"→"序列"选项，同样会打开"新建序列"对话框，根据素材设置序列格式和名称，如图3-73所示。

图3-73

3.4.9 序列预设

在Premiere Pro 2024中，提供了很多序列预设类型，此处讲解剪辑中常用的几种类型。

电影级别ARRI摄像机序列预设标准如图3-74所示。

图3-74

数码单反相机的拍摄标准如图3-75所示。

图3-75

常用的DV高清预设标准如图3-76所示。

图3-76

专业设备预设标准如图3-77所示。

图3-77

用户也可以自定义预设，根据不同的情况和用

途选择序列预设。在菜单栏中选择"文件"→"新建"→"序列"选项，打开"新建序列"对话框，选择"设置"选项卡，设置相应参数，单击"保存预设"按钮，如图3-78所示。在打开的"新建序列"对话框中输入名称，单击"确定"按钮，即可自定义预设，如图3-79所示。

图3-78

图3-79

3.4.10 打开/关闭序列

序列可以在"源"监视器面板和"时间轴"面板中打开，在"项目"面板中选择"序列01"并右击，在弹出的快捷菜单中选择"在源监视器中打开"或者"在时间轴内打开"选项，如图3-80所示。双击"序列"图标，即可直接在"时间轴"面板中打开。

在"时间轴"面板中单击"序列01"前的按钮，即可关闭序列。

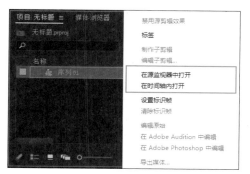

图3-80

3.5 在序列中剪辑素材

本节讲解在序列中剪辑素材的相关知识，包括在序列中快速添加素材、选择和移动素材、分离视频与音频、激活和禁用素材、自动匹配序列等。

3.5.1 在序列中快速添加素材

将"项目"面板中的任意剪辑素材拖至"项目"图标■上，或直接拖至"时间轴"面板中，如图3-81和图3-82所示。软件会根据剪辑素材自动创建一个与剪辑素材名称相同的新序列，如图3-83所示。

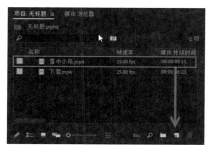

图3-81

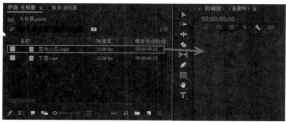

图3-82

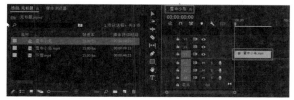

图3-83

3.5.2 选择和移动素材

1. 选择素材

在应用剪辑素材之前，通常需要在序列中选择素材。在选择剪辑素材时，应注意以下三点。

- 编辑具有视频和音频的素材，每个素材都至少有一个部分。当视频和音频素材由同一原始摄像机录制时，它们会自动链接，单击其中一个，也会自动选择另一个。
- 在"时间轴"面板中可通过使用入点和出点进行剪辑。
- 选择时将使用"选择工具"▶（快捷键为V）。

2. 加选/减选

在序列中通过单击可以选中剪辑，按住Shift键单击可以加选其他剪辑或取消选中已选剪辑。双击剪辑则会在"源"监视器面板中打开。

3. 框选

在"时间轴"面板的空白区域按住鼠标左键并拖曳，创建一个选择框，可以框选剪辑，如图3-84所示，释放鼠标左键，即可选中被框选的剪辑，如图3-85所示。

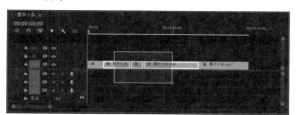

图3-84

图3-85

4. 选择轨道上的连续剪辑

使用"向前选择轨道工具"▦（快捷键为A）可以选择轨道上的连续剪辑。选择"向前选择剪辑工具"，单击任意轨道上的任意剪辑，所有轨道上从单击位置到序列结尾的剪辑都会被选中，若有音频与这些剪辑链接，那音频也会被选中。若在使用"向前选择轨道工具"时按住Shift键，则会选择当前轨道上从单击位置到序列结尾的剪辑。

仅选择视频和音频。单击"选择工具"▶，按住Alt键，单击时间轴上的一些剪辑，可只选择视频或音频内容。注意，框选同样适用此操作。

5. 拖曳移动素材

拖动剪辑时，默认模式是覆盖。在"时间轴"面板的左上角有"对齐"按钮，单击此按钮激活后剪辑的边缘会自动对齐，如图3-86所示。

图3-86

在"时间轴"面板上单击最后一个剪辑，并向后拖曳一定距离，因为此剪辑之后没有剪辑，所以会在此剪辑前面添加一个空隙，但并不影响其他剪辑，如图3-87所示。

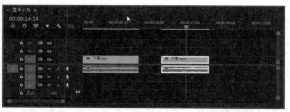

图3-87

在激活了"对齐"模式的情况下，向左缓慢拖曳剪辑，直至与其前面剪辑的末尾对齐，释放鼠标左键，此剪辑会与上一个剪辑的末尾相接，如图3-88和图3-89所示。

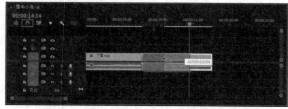

图3-88

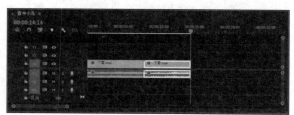

图3-89

6. 微移剪辑的快捷键

按一次←键可以将剪辑向左移1帧；若要向左移5帧，则可按快捷键Shift+←。

按一次→键可以将剪辑向右移1帧；若要向右

移5帧，则可按快捷键Shift+→。

按快捷键Alt+↑可将剪辑向上移动一个轨道，按快捷键Alt+↓可将剪辑向下移动一个轨道。

3.5.3 分离视频与音频

在Premiere Pro中处理带有音频的视频素材时，有时需要将链接在一起的视频和音频分开成独立个体，分别进行处理，这就需要用到分离操作。对于某些单独的视频和音频需要同时进行编辑处理时，就需要将它们链接起来，便于一次性操作。

要将链接的视、音频分离，如图3-90所示，可以选择序列中的素材片段，执行"剪辑"→"取消链接"命令，或者按快捷键Ctrl+L，即可分离视频和音频，此时视频素材的命名后少了"[V]"图标，如图3-91所示。

图3-90

图3-91

若要将视频和音频重新链接起来，只需同时选择要链接的视频和音频素材，执行"剪辑"→"链接"命令，或按快捷键Ctrl+L，即可链接视频和音频素材，此时视频素材的名称后方重新出现"[V]"图标，如图3-92所示。

图3-92

3.5.4 激活和禁用素材

当序列中有过多素材时，可以禁用暂时不需要剪辑的素材，方便剪辑其他素材且不影响后续剪辑。

在"时间轴"面板中选择"自然绿叶.mp4"素材并右击，在弹出的快捷菜单中取消选中"启用"选项，如图3-93所示。

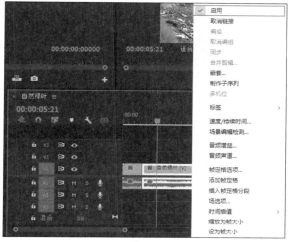

图3-93

此时在"时间轴"面板中禁用素材变成了深蓝色，如图3-94所示。在"节目"监视器面板中的画面为黑色，如图3-95所示。

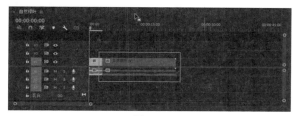

图3-94

图3-95

若想再次启用该素材，可以选中禁用素材并右击，在弹出的快捷菜单中选择"启用"选项，如图3-96所示。此时素材画面重新显示出来，如图3-97所示。

图3-96

图3-97

3.5.5 自动匹配序列

"自动匹配序列"功能可以根据素材参数调整素材的排列顺序及呈现效果。

在"项目"面板中同时导入"海边女人.mp4""小镇风光.mp4""公园.mp4"素材，选中三个素材后单击"项目"面板底部的"自动匹配序列"按钮，将打开"序列自动化"对话框，如图3-98所示。

图3-98

在"序列自动化"对话框的"顺序"下拉列表框中有"排序"和"选择顺序"两个选项，"排序"选项为选中的素材按照"项目"面板中的顺序排序导入"时间轴"面板;"选择顺序"选项则是按照选择素材的顺序排序导入"时间轴"面板,如图3-99所示。

图3-99

在"时间轴"面板上打开"序列01",在"节目"监视器面板底部单击"添加标记"按钮，在00:00:50:00处添加一个标记,如图3-100所示。

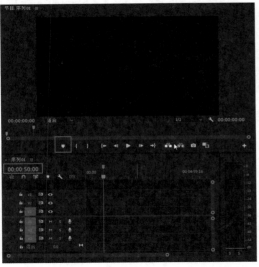

图3-100

选中"项目"面板中的所有素材,单击"自动匹配序列"按钮，如图3-101所示。

图3-101

打开"序列自动化"对话框,在"放置"的下拉列表中选择"在未编号标记"选项,如图3-102所示。在"方法"的下拉列表中选择"插入编辑"选项,然后单击"确定"按钮,如图3-103所示。

图3-102

图3-103

选中的素材将会在标记后面按照顺序添加素材,此时标记将会移至添加素材的末尾的时间点,如图3-104所示。

图3-104

若在"方法"的下拉列表中选择"覆盖编辑"选项,标记将不会移动,所有素材导入在标记处后面,如图3-105和图3-106所示。

在"序列自动化"对话框中,"忽略选项"组中有"忽略音频"和"忽略视频"复选框,"忽略音频"复选框是指素材导入"时间轴"面板时只有视频,如图3-107和图3-108所示。

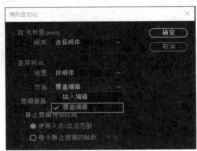

图3-105

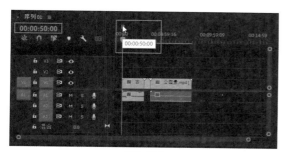

图3-106

图3-107

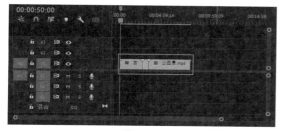

图3-108

"忽略视频"复选框则指素材导入"时间轴"
面板中时只有音频,如图3-109和图3-110所示。

图3-109

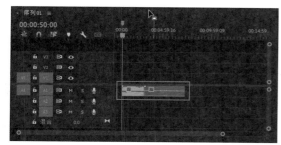

图3-110

3.5.6　实例:调整素材播放速度

由于不同的影片播放需求不同,有时需要将素
材进行快放或慢放,以此来增强画面的表现力。在
Premiere Pro中,可以通过调整素材的播放速度来实
现素材的快放或慢放操作。具体的操作方法如下。

STEP 01 启动Premiere Pro 2024软件,按快捷键
Ctrl+O,打开素材文件夹中的"素材播放速度.prproj"
项目文件。

STEP 02 将"雕像.mp4"素材拖至"源"监视器
面板中,在00:00:14:23处标记入点,在00:00:31:20

处标记出点,如图3-111所示,截取素材片段并将
其拖至"时间轴"面板中,在素材片段上右击,在
弹出的快捷菜单中选择"速度/持续时间"选项,如
图3-112所示。

图3-111

图3-112

STEP 03 打开"剪辑速度/持续时间"对话框,如
图3-113所示,此时"速度"为100%,代表素材原始
的播放速度。

STEP 04 在"速度"选项后的文本框中输入50,素
材"持续时间"变为00:00:34:00,如图3-114所示,
代表素材片段的总时长变长,素材的播放速度变慢。
同理,如果"速度"值高于100%,则素材的片段总
时长变短,素材的播放速度变快。

图3-113

图3-114

提示

除了可以在"速度"文本框中手动输入参数,
还可以将光标放置在数值上,待光标变为左右箭头
状态后,左右拖曳即可调整数值。

STEP 05 将时间指示器移至00:00:30:00处，使用"剃刀工具"进行分割，也可以使用快捷键Ctrl+K，再把时间指示器调整到00:00:31:04，同样可以进行分割，如图3-115所示。随后对按时间轴标准第一顺序的片段进行类似的操作，将"速度"参数修改为900，然后对最后一个片段也进行类似操作，将"速度"值调整为500，如图3-116所示。

图3-115

图3-116

STEP 06 为"速度"参数为500%的片段部分进行调色，打开"颜色"工作区，单击"Lumetri颜色"按钮，将"色温"值调至31.9，如图3-117所示。

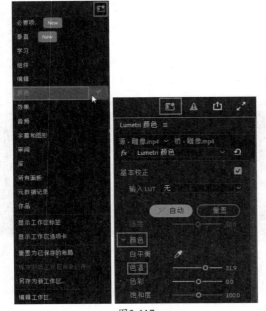

图3-117

STEP 07 完成"雕像.mp4"素材速度的调整后，将

"人像.mp4"素材和"雪景.mp4"素材进行同样的操作。按以上顺序排列好后，将"配乐.wav"音频素材拖至"时间轴"面板中，在视频素材结尾部分使用"剃刀工具"对音频素材进行切割，如图3-118所示。

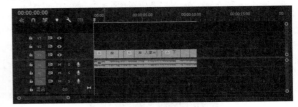

图3-118

> 💡 **提示**
>
> 调整素材的播放速度会改变原始素材的帧数，会影响影片素材的播放质量和声音质量。因此，对于一些自带音频的片段素材，要根据实际需求进行变速调整。

3.5.7 实例：分割并删除素材

在将素材添加至"时间轴"面板后，可以使用"剃刀工具" 🔪 对素材进行分割，将一个素材拆分为多个部分，然后再将废弃的片段删除。下面介绍具体操作方法。

STEP 01 启动Premiere Pro 2024软件，按快捷键Ctrl+O，打开素材文件夹中的"分割并删除素材.prproj"项目文件。进入工作界面后，可查看"时间轴"面板中已经添加的素材片段，如图3-119所示。

图3-119

STEP 02 在"时间轴"面板中将时间指示器移至00:00:08:15处，如图3-120所示，然后在工具箱中选择"剃刀工具" 🔪。

图3-120

STEP 03 将光标移至素材上方时间指示器所在的位置，如图3-121所示，单击可将素材沿当前时间指示器的位置进行分割，如图3-122所示。

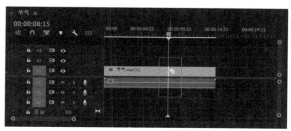

图3-121

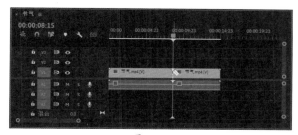

图3-122

STEP 04 上述操作完成后，素材片段被一分为二，使用"选择工具"▶选中分割出来的后半段素材，按Delete键删除，如图3-123所示。

图3-123

3.6　综合实例：节气宣传片

二十四节气准确地反映了自然节律变化，在人们日常生活中发挥了极为重要的作用。本实例制作一个节气宣传片，案例画面效果如图3-124所示。

图3-124　节气宣传片

素材详细分布如表3-1所示。

表3-1

素材名称	入点位置	出点位置	速度/持续时间	"时间轴"面板位置（放置在时间线后方）
雪景.mp4	00:00:00:00	00:00:05:00	00:00:02:13	00:00:00:00
迎门.mp4	00:00:01:07	00:00:06:09	00:00:06:17	00:00:02:13
捻面粉.mp4 下饺子.mp4 包馅肉.mp4	00:00:00:00	00:00:08:06	00:00:04:03	00:00:05:02
团圆饭.mp4	00:00:00:00	00:00:03:10	00:00:03:10	00:00:09:05
冬至.mp4	/	/	00:00:11:15	00:00:12:15

STEP 01 启动Premiere Pro 2024软件，按快捷键 Ctrl+O，打开素材文件夹中的"节气宣传片.prproj"项目文件。

STEP 02 在"项目"面板的空白区域双击，弹出"导入"窗口，选择需要导入的素材，单击"打开"按钮就可导入素材，如图3-125所示。

图3-125

STEP 03 双击"项目"面板中的"雪景.mp4"素材，将其在"源"监视器面板中打开，然后将时间指示器移至开始处，单击"标记入点"按钮，将当前时间点标记为入点，再将时间指示器移至00:00:05:00处，单击"标记出点"按钮，将当前时间点标记为出点，如图3-126所示。然后将素材从"项目"面板中拖入"时间轴"面板，如图3-127所示。

图3-126

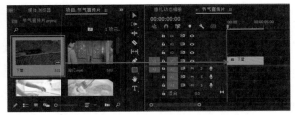

图3-127

STEP 04 将"雪景.mp4"与"迎门.mp4"素材拖至V1轨道上，组成视频的开头部分，如图3-128所示。

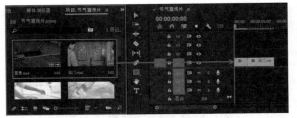

图3-128

STEP 05 以00:00:05:01处为起点，将"下饺子.mp4""捻面粉.mp4""包馅肉.mp4"三个素材依次拖至"时间轴"面板的V2、V3、V4轨道上，如图3-129所示。

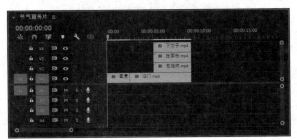

图3-129

STEP 06 为"下饺子.mp4""捻面粉.mp4""包馅肉.mp4"素材添加效果。按住鼠标左键不放，拖动光标框选三个素材，如图3-130所示。然后打开"效果"面板，在搜索栏搜索"线性擦除"，双击"线性擦除"效果，就可以把效果同时添加至选中的三个素材上，如图3-131所示。

图3-130

图3-131

STEP 07 制作分屏效果。打开"效果控件"面板，找到"线性擦除"效果，如图3-132所示，参数调整如图3-133所示。

图3-132

图3-133

STEP 08 为分屏效果添加"交叉溶解"转场效果。按住Shift键单击选中三个素材，再单击素材片段起始处，选中三个素材的入点，如图3-134所示，右击，在弹出的快捷菜单栏中选择"应用默认过渡"选项，即可为三个素材片段的开头添加"交叉溶解"效果，在素材片段的结尾重复上一步操作，就可以使分屏的过渡变得和缓，效果如图3-135所示。

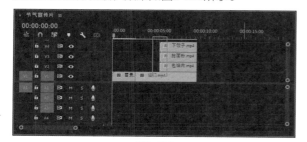
图3-134

图3-135

STEP 09 将"团圆饭.mp4"与"冬至.mp4"素材

按照表格要求拖至V1轨道上，组成视频的结尾，如图3-136所示。

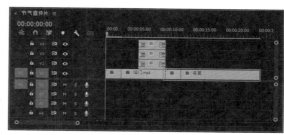
图3-136

STEP 10 将"音乐.wav"音频素材拖至A1轨道上，如图3-137所示，然后选择"剃刀工具" 📄 ，将"音乐.wav"素材在视频结尾处分割，分割完成后，按Delete键删除多余的音乐素材。

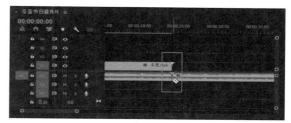
图3-137

STEP 11 为音频素材添加淡入淡出的效果。打开"效果控件"面板，在搜索栏输入"恒定增益"，将该效果拖至音频素材的开始与结尾，如图3-138所示。

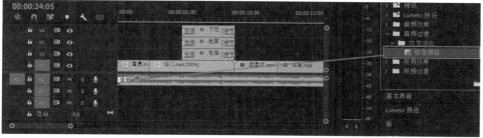
图3-138

　　本章主要介绍了关于素材剪辑的一些基础理论及操作，剪辑基本理论包括蒙太奇概念、镜头衔接的技巧与原则，以及剪辑的基本流程。剪辑工作并不是单纯地将所有的素材拼凑在一起，好的影片往往需要靠大量的理论营造画面感和故事逻辑。希望通过这些理论基础，可以帮助大家更全面地了解剪辑工作。此外，本章还介绍了Premiere Pro 2024中的剪辑工具和基本的剪辑操作，在编辑影片中，灵活地运用软件提供的各项剪辑命令或快捷工具，可以大大节省操作时间，有效提升剪辑工作的效率。

第 4 章
视频素材的高级剪辑技巧

本章主要介绍Premiere Pro 2024的一些高级剪辑技巧，包括标记的使用、波纹编辑、滚动编辑、内滑/外滑编辑、插入与覆盖编辑、三点/四点编辑以及时间重映射的应用等。

本章重点

- ◎ 标记的使用
- ◎ 插入与覆盖编辑
- ◎ 定格视频画面
- ◎ 波纹编辑
- ◎ 三点/四点编辑
- ◎ 时间重映射的应用

本章的效果如图4-1所示。

图4-1

4.1 标记的使用

前面已经介绍过在"源"监视器面板中添加标记的操作方法，但由于这个功能特别重要，因此本节单独提出来详细介绍。标记主要用于提供剪辑和序列中的具体时间并为它们添加注释，这些标记可帮助使用者保持条理并与编者共享内容，它们是对剪辑或"时间轴"面板进行操作的。为剪辑添加的标记包含在原始媒体文件的元数据中，即在另一个项目中打开此剪辑时可以看到相同的标记。

4.1.1 标记类型

标记主要分为以下4种类型。

- 注释标记：这是一种常规标记，用于标记名称、注释和持续时间。
- 章节标记：这是一种特殊标记，在制作DVD或蓝光光盘时，Adobe Encore可以将它转换为常规章节标记。

- Web链接：这是一种特殊标记，支持多种视频格式（如Quick Time等），在播放视频时可用它自动打开网页。但导出序列以创建支持的格式的文件时，会将Web链接标记包含在文件中。
- Flash提示点：这是Abode Flash使用的一种标记。将提示点添加到Premiere的"时间轴"面板中，可以在编辑序列的同时准备Flash项目。

4.1.2 序列标记

要在剪辑中添加一个标记作为提醒，以便稍后替换它，可以进行以下操作。

打开素材箱中的剪辑素材，将时间指示器移至需要添加标记的位置，单击"时间轴"面板上的"添加标记"按钮■（快捷键为M），"时间轴"面板的上方会显示一个绿色的标记，可将其作为一个视觉提醒，如图4-2所示。另外，读者也可以在"节目"监视器面板中按M键进行标记。

图4-2

4.1.3 更改标记注释

打开"标记"面板，在"标记"面板中有一个以时间顺序显示的标记列表，当"时间轴"面板或"源"监视器面板处于活动状态时，还会显示序列或剪辑的标记，如图4-3所示。如果在界面中找不到该面板，可以在菜单中执行"窗口"→"标记"命令。

在"标记"面板中选择任意一个标记，按Delete键可以删除当前标记。当然，也可以双击标记，打开"标记"对话框，单击"删除"按钮，如图4-4所示。

图4-3

图4-4

在"持续时间"文本框中输入时间点，例如500，Premiere会自动添加标记符号，将此数字转换为00:00:05:00，即5s，在"注释"文本框中输入注释文字，然后单击"确定"按钮，即可完成标记的更改，如图4-5所示。此时，"时间轴"面板、"源"监视器面板和"标记"面板中都有标记注释，如图4-6所示。

图4-5

> ⊛ **技巧提示**
>
> 在"源"监视器面板中打开素材箱中的剪辑，播放此剪辑并在播放过程中多次按M键，可以快速添加标记。打开"标记"面板可以看到添加的所有标记，注意，一定要先单击"源"监视器面板，确保激活了该面板，执行"标记"→"清除所有标记"命令，可以删除"源"监视器面板中的所有标记。

图4-6

4.1.4 交互式标记

交互式标记即"Flash提示点",添加方法与常规标记相同。

在"时间轴"面板上需要添加的位置放置时间指示器,按M键添加一个常规标记。

在"时间轴"或"标记"面板中双击已经添加的标记,打开"标记"对话框,如图4-7所示。

图4-7

将"标记类型"改为"Flash提示点",然后单击"+"按钮,接着根据需要添加"名称"和"值"等详细信息,如图4-8所示。

图4-8

4.1.5 实例:使用标记点制作卡点视频

使用标记点可以为序列上的剪辑添加备注,帮助用户快速识别剪辑内容。下面详细介绍使用标记点制作卡点视频的方法,案例效果如图4-9所示。

图4-9

STEP 01 启动Premiere Pro 2024软件,在菜单栏中执行"文件"→"打开项目"命令,打开素材文件夹中的"制作卡点视频.prproj"项目文件。可以看到"时间轴"面板中已经添加完成的音频素材,如图4-10所示。

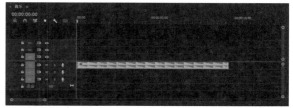

图4-10

STEP 02 播放音频,当时间指示器移至00:00:00:17处时,音乐有明显的节奏重点,单击"添加标记"按钮（快捷键M),在"时间轴"面板上添加一个绿色标记,如图4-11所示。

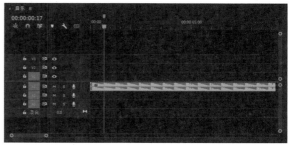

图4-11

STEP 03 继续播放音频,参照步骤01的操作方法,分别在00:00:01:21、00:00:03:00、00:00:04:04、00:00:05:08、00:00:06:12、00:00:07:17处添加绿色标记,最终效果如图4-12所示。

STEP 04 将"稻田里的少女.mp4"素材拖入"项

目"面板中,双击素材,将其在"源"监视器面板中打开,将播放滑块移至00:00:00:00处时,单击"标记入点"按钮▌(快捷键I),将播放滑块移至00:00:00:17处时,单击"标记出点"按钮▌(快捷键O),然后将光标移至"仅拖动视频"按钮▣上,如图4-13所示,按住鼠标左键将其拖至"时间轴"面板,如图4-14所示。

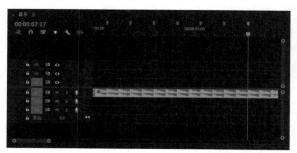
图4-12

图4-13

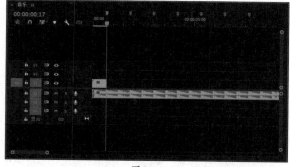
图4-14

STEP 05 参照步骤03的操作方法,选择00:00:01:17~00:00:02:21、00:00:03:21~00:00:05:00、00:00:07:00~00:00:08:04、00:00:09:04~00:00:10:08、00:00:12:08~00:00:13:12、00:00:14:12~00:00:15:17、

00:00:16:17~00:00:18:05之间的片段,将其拖至"时间轴"面板,如图4-15所示。

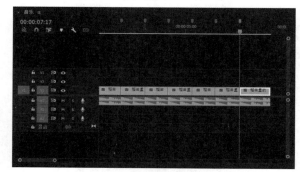
图4-15

STEP 06 在"时间轴"面板中选中所有素材并右击,在弹出的快捷菜单中选择"缩放为帧大小"选项,如图4-16所示。执行操作后,即可制作出卡点视频。

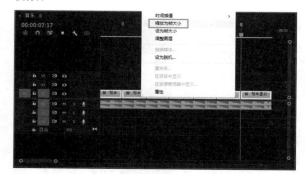
图4-16

> **提示**
> 在为音频设置标记点时,可以观察音频的波纹,一般出现波峰的位置会有重音。

4.2 常见的素材编辑技巧

本节将讲解一些常见的素材编辑技巧,包括素材编组、替换素材、嵌套素材、提升和提取编辑、插入和覆盖编辑、定格视频画面等。

4.2.1 素材编组

在操作时通过对多个素材进行编组的处理,将多个素材文件转换为一个整体,可同时选择或添加效果。

在"项目"面板空白区域双击,在打开的对话框中选择"火锅.mp4""一起吃火锅.mp4""聚会.mp4"素材并导入"项目"面板,将"火锅.mp4"和"聚会.mp4"素材拖至"时间轴"面板

Premiere Pro 2024 从新手到高手

的V1轨道上，将"一起吃火锅.mp4"素材拖至V2轨道上，起始时间为00:00:02:00，结束时间与V1轨道上的"火锅.mp4"素材的结束时间对齐，如图4-17所示。

图4-17

将"一起吃火锅.mp4"和"火锅.mp4"素材编组，方便为素材添加相同的视频效果。选中"一起吃火锅.mp4"和"火锅.mp4"素材文件，右击，在弹出的快捷菜单中选择"编组"选项，如图4-18所示。

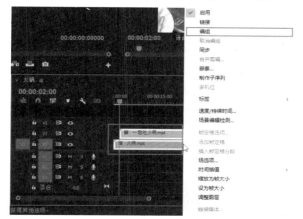

图4-18

此时这两个素材文件可同时进行选择或移动，如图4-19所示。

图4-19

为编组对象添加"水平翻转"效果。在"效果"面板的搜索框中搜索"水平翻转"，如图4-20所示。

将找到的"水平翻转"效果拖至编组对象上，如图4-21所示。此时"一起吃火锅.mp4"和"火锅.mp4"

图4-20

素材均发生了水平翻转变化，效果如图4-22所示。

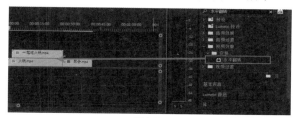

图4-21

图4-22

4.2.2　替换素材

在Premiere Pro 2024软件中，使用替换素材功能可替换面板中的素材，下面介绍具体操作方法。

打开任意一个项目文件，在"项目"面板中找到需要替换的素材，选中该素材并右击，在弹出的快捷菜单中选择"替换素材"选项，如图4-23所示。

图4-23

打开"替换素材"对话框，找到素材所在的文件夹，选择所需的替换文件，单击"选择"按钮,执行操作后,即可完成素材的替换,如图4-24所示。

图4-24

4.2.3 嵌套素材

"嵌套"命令可将多个剪辑合成一个完整的序列,以便更加快捷地进行编辑。下面介绍操作方法。

在"项目"面板中加载序列,此序列包含多个剪辑。拖曳光标框选需要嵌套的剪辑,右击,在弹出的快捷菜单中选择"嵌套"选项,如图4-25所示。另外,完成嵌套操作后,读者也可以在嵌套形成的序列中添加所需效果或执行其他剪辑操作。

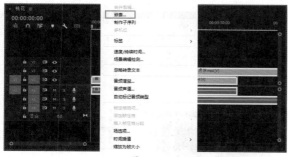

图4-25

下面介绍一些嵌套的常用操作。

- 双击嵌套序列:双击后会进入原始剪辑,可对其进行修改。若将原始剪辑片段脱离序列,则嵌套序列中的此剪辑片段也随之消失,即对嵌套中的剪辑进行修改会同步影响整个嵌套序列。
- 单击嵌套序列:单击后按Delete键可删除嵌套序列;如果要恢复嵌套序列,只需将"项目"面板中的序列拖至"时间轴"面板中即可。

当只需要嵌套序列中的一段剪辑时,可在

"源"监视器面板中打开序列,通过添加入点和出点选择剪辑,再将剪辑拖至所需序列中即可。

4.2.4 提升和提取编辑

通过执行序列"提升"或"提取"命令,可以使序列标记从"时间轴"面板中轻松移出素材片段。

在执行"提升"操作时,会从"时间轴"面板中提升出一个片段,然后在已删除素材的地方留下一段空白区域;在执行"提取"编辑操作时,会移除素材的一部分,然后素材后面的帧会前移,补上删除部分的空缺,因此不会有空白区域。

在序列中插入一段持续时间为18s的素材,如图4-26所示,然后将时间指示器移至00:00:02:00处,按快捷键I标记入点,如图4-27所示。

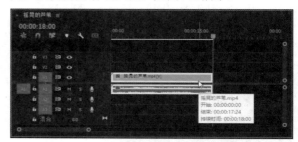

图4-26

图4-27

将时间指示器移至00:00:09:04处,按快捷键O标记出点,如图4-28所示。

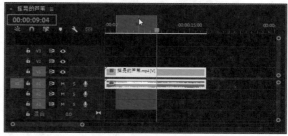

图4-28

标记好片段的出入点后,执行"序列"→"提升"命令,或者在"节目"监视器面板中单击"提升"按钮 ,即可完成"提升"操作,如图4-29所示,此时在视频轨道中将留下一段空白区域。

Premiere Pro 2024 从新手到高手

图4-29

回到未执行"提升"操作前的状态。执行"序列"→"提取"命令，或者在"节目"监视器面板中单击"提取"按钮 ，即可完成"提取"操作，如图4-30所示，此时从入点到出点之间的素材都已被移除，并且出点之后的素材会向前移动，在视频轨道中没有留下空白区域。

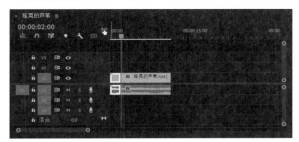

图4-30

4.2.5 实例：插入和覆盖编辑

插入编辑是指在时间指示器位置添加素材，同时时间指示器后面的素材将向后移动；覆盖编辑是指在时间指示器位置添加素材，添加素材与时间指示器后面的素材重叠的部分被覆盖，并且不会向后移动。下面分别讲解插入和覆盖编辑的操作。

STEP 01 启动Premiere Pro 2024软件，按快捷键Ctrl+O，打开素材文件夹中的"插入和覆盖编辑.prproj"项目文件。进入工作界面后，可查看"时间轴"面板中已经添加的素材片段，如图4-31所示，可以看到该素材片段的持续时间大约为15s。

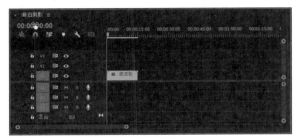

图4-31

STEP 02 在"时间轴"面板中将时间指示器移至00:00:05:00处，如图4-32所示。

图4-32

STEP 03 将"项目"面板中的"湖泊倒影.jpg"素材拖入"源"监视器面板（这里素材的默认持续时间为5s），然后单击"源"监视器面板下方的"插入"按钮 ，如图4-33所示。

图4-33

STEP 04 上述操作完成后，"湖泊倒影.jpg"素材将被插入00:00:05:00的位置，同时"湖泊倒影.jpg"素材被分割为两部分，原本位于时间指示器后方的"湖泊倒影.jpg"素材向后移动了，如图4-34所示。

图4-34

STEP 05 下面演示覆盖编辑操作。在"时间轴"面板中将时间指示器移至00:00:25:00处，如图4-35所示。

图4-35

STEP 06 将 "项目" 面板中的 "星空下的树林.jpg" 素材拖入 "源" 监视器面板（素材的默认持续时间为5s），单击 "源" 监视器面板下方的 "覆盖" 按钮 🔲，如图4-36所示。

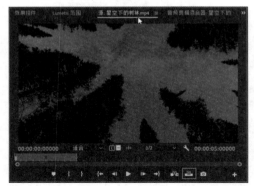

图4-36

STEP 07 上述操作完成后，"星空下的树林.jpg" 素材将被插入00:00:30:00的位置，同时原本位于时间指示器后方的 "湖泊倒影.jpg" 素材被替换（即被覆盖）为 "星空下的树林.jpg"，如图4-37所示。

图4-37

STEP 08 在 "节目" 监视器面板中可以预览调整后的视频效果，如图4-38所示。

图4-38

图4-38（续）

> **提示**
>
> 本例素材的默认持续时间为5s，可自行调整。在具体操作时，请以软件的默认持续时间为准。

4.2.6　查找与删除时间轴的间隙

非线性编辑的特点是可以随意移动剪辑并删除不需要的部分。删除部分剪辑时，执行 "提升" 命令会留下间隙（执行 "提取" 命令则不会）。复杂序列被缩小后很难发现序列的间隙，所以需要通过自动查找功能查找并删除间隙。

要自动查找间隙，需要先选中序列并按↓键，"时间轴" 面板中的时间指示器将自动移至下一个素材上，如图4-39所示。

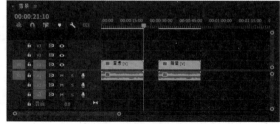

图4-39

采用这样的方法找到间隙并选择间隙，然后按Delete键删除，或右击，在弹出的快捷菜单中选择 "波纹删除" 选项，即可删除间隙，如图4-40所示。

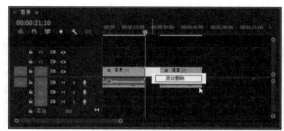

图4-40

4.2.7　实例：定格视频画面

在影视作品中，为了强调某一个主要人物或者是重要细节，有时会将运动镜头中的镜头画面突然间变成静止不动，这就是定格。下面详细讲解使用添加帧定格来制作定格拍照效果，案例效果如图4-41所示。

图4-41

STEP 01 启动Premiere Pro 2024软件，在菜单栏中执行"文件"→"打开项目"命令，打开素材文件夹中的"定格视频画面.prproj"项目文件。

STEP 02 进入工作界面后，可以看到"时间轴"面板中已经添加完成的素材，如图4-42所示。

STEP 03 拖动时间指示器至00:00:07:08处，然后在"工具"面板中选择"剃刀工具" ，在"汉服美女.mp4"素材上进行剪切，如图4-43所示。

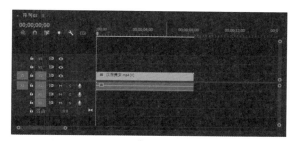

图4-42

图4-43

STEP 04 选中"汉服美女.mp4"素材后部分，按住Alt键向上复制一层，如图4-44所示。

图4-44

STEP 05 选中V2轨道的"汉服美女.mp4"素材并右击，在弹出的快捷菜单中选择"添加帧定格"选项，如图4-45所示。

图4-45

STEP 06 在"效果"面板中搜索"高斯模糊"效果，如图4-46所示，将其拖至V1轨道的第二段"汉服美女.mp4"素材上。

STEP 07 在"效果控件"面板中，将"高斯模糊"选项组中的"模糊度"参数调整为100.0，如图4-47所示。

图4-46

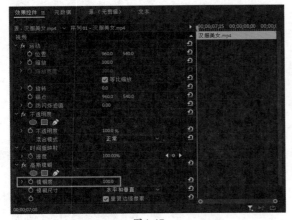

图4-47

STEP 08 选中V2轨道 "汉服美女.mp4" 素材并右击，在弹出的快捷菜单中选择 "嵌套" 选项，将其转换为 "嵌套序列01"，如图4-48所示。

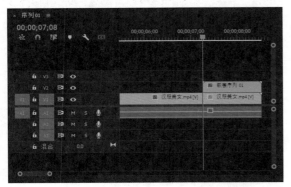

图4-48

STEP 09 拖动时间指示器至00:00:07:08处，选中V2轨道上的 "嵌套序列01"，在 "效果控件" 面板中，单击 "缩放" 和 "旋转" 前的 "切换动画" 按钮 ，开启自动关键帧。拖动时间指示器至00:00:08:00处，设置 "缩放" 参数为60.0、"旋转" 参数为10.0°，如图4-49所示。最终效果如图4-50所示。

STEP 10 在 "效果" 面板中搜索 "投影" 效果，将其拖至V2轨道的 "嵌套序列01" 上，然后在 "效果控件" 面板中设置 "不透明度" 为70%、"距离" 为120.0、"柔和度" 为100.0。最终效果如图4-51所示。

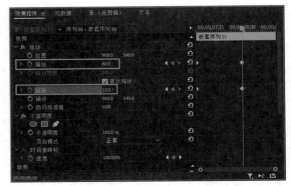

图4-49

图4-50

图4-51

STEP 11 双击进入V2轨道的 "嵌套序列01"，将时间指示器移动至视频的起始位置，在工具栏中选择 "矩形工具" ，在 "节目" 监视器面板中绘制一个矩形，如图4-52所示，执行操作后即可在 "时间轴" 面板中添加一个 "图形" 素材，如图4-53所示。

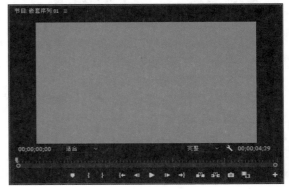

图4-52

Premiere Pro 2024 从新手到高手

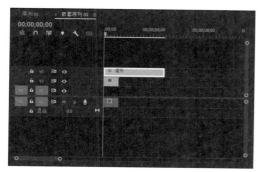

图4-53

在"时间轴"面板中双击"图形"素材，打开"基本图形"对话框，选中"形状01"，然后取消勾选"填充"复选框，再勾选"描边"复选框，并将其数值设置为19.0，如图4-54所示。效果如图4-55所示。

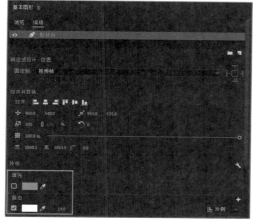

图4-54

图4-55

> **提示**
>
> 在设置描边之后，若最终画面效果与示意图有所出入，可能是绘制的图形大小有所差异，用户可以在"基本图形"对话框中调整图形的大小和位置。

STEP 13 将时间指示器移动至00:00:01:08处，使用"剃刀工具" ✂对"图形"素材进行分割，然后选中分割出的后半段素材，按Delete键删除，如图4-56所示。

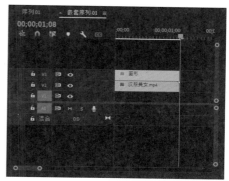

图4-56

STEP 14 返回"序列01"，就可以观察到旋转的照片效果，如图4-57所示。

图4-57

STEP 15 完成上述操作后，在"项目"面板中选中"音乐.wav""音效.mp3"素材，如图4-58所示，将"音乐.wav""音效.mp3"素材拖至"时间轴"面板上，分别置于A1、A2轨道上，如图4-59所示。

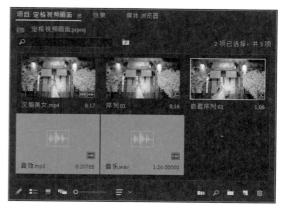

图4-58

图4-59

4.3 常见的高级剪辑技巧

本节将讲解常见的一些高级剪辑技巧，包括波纹编辑、滚动编辑、内滑编辑、外滑编辑，三点剪辑视频以及四点剪辑视频的操作方法。

4.3.1 波纹编辑

波纹编辑是一种避免产生间隙的方法。使用"波纹编辑工具"⊫延长或缩短剪辑时，编辑点后的所有剪辑都会往左移，填补间隙，或者往右移动形成更长的剪辑。

按B键切换到"波纹编辑工具"⊫，将光标悬停在需要编辑的编辑点上，然后观察光标所指方向，根据需要进行拖曳。此时，可通过显示的时间码或"节目"监视器面板显示的两个画面——左侧画面为第1个剪辑被拖曳后的最后1帧，右侧为紧挨着的第2个剪辑的第1帧，来判断两个视频之间的衔接画面，如图4-60所示。确认无误后，释放鼠标左键即可，"时间轴"面板如图4-61所示。

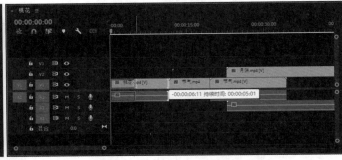

图4-60

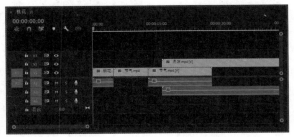

图4-61

4.3.2 滚动编辑

滚动编辑通常使用在两段剪辑之间的编辑点上，即修剪相邻的入点和出点，并以同样的帧数调整它们，且不会改变项目的总体长度，以达到一段剪辑缩短，另一段剪辑变长的操作效果。

在"项目"面板中加载需要编辑的序列，单击"滚动编辑工具"⊪（快捷键为N），将光标悬停在所选的两个剪辑间的剪辑点上，单击并向右拖曳以删除部分剪辑，如图4-62所示，确定好位置后释放鼠标左键即可，如图4-63所示。

图4-62

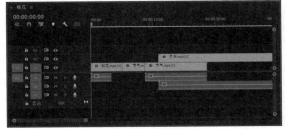

图4-63

4.3.3 内滑编辑

使用"内滑工具"⊡（快捷键为U）可在"时间轴"面板上向前或向后滑动剪辑，即在不改变该

Premiere Pro 2024 从新手到高手

剪辑的入点、出点和序列的长度的情况下，以相同的帧数改变左侧剪辑的出点和右侧剪辑的入点。注意，使用这个工具的前提是，左侧剪辑有出点，右侧剪辑有入点，否则无法操作。

这里以图4-64所示的序列为例，选择"内滑工具"，将光标悬停在第2段剪辑上，单击并向左拖曳剪辑，此时，观察"节目"监视器面板中显示的4个画面：上方两个分别是第2段剪辑的入点和出点，不发生改变；下方两个分别是第1段剪辑的出点

和第3段剪辑的入点，会随滑动而改变，如图4-65所示。

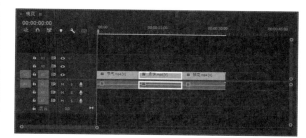

图4-64

图4-65

由此，读者可以明白，"内滑工具"可以改变中间剪辑与前后剪辑的衔接点，但是中间剪辑和整个序列的时长不发生任何变化。

4.3.4 外滑编辑

使用"外滑工具"（快捷键为Y）可以相同的帧数向前或向后更改剪辑的入点和出点，即在不改变其持续时间或影响相邻的帧的情况下，更改剪辑的开始帧和结束帧。这个工具与"内滑工具"刚好相反，可以将这个工具的作用简单地理解为，在不影响整个序列和前后剪辑的前提下，更改自身的出点和入点。

这里以图4-66所示的序列为例，选择"外滑工具"，将光标悬停在第2段剪辑上，然后单击并拖曳剪辑，此时，观察"节目"监视器面板中显示的4个画面：上方两个分别是第1段剪辑的出点和第3段剪辑的入点，不发生改变，下方两个分别是第2段剪辑的入点和出点，会随着滑动而改变，如图4-67所示，确认后，在所需位置释放鼠标左键即可。

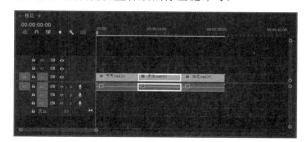

图4-66

图4-67

4.3.5 实例：三点编辑视频

三点编辑是视频编辑的一种比较实用的方式，需要在"源"监视器面板和"时间轴"面板中指定3个点，用以确定素材的长度和插入的位置。这3个点可以是素材的入点、出点和时间轴的入点、出点这4个点中的任意3个。下面详细讲解三点编辑视频的操作方法，案例效果如图4-68所示。

图4-68

STEP 01 启动Premiere Pro 2024软件，在菜单栏中执行"文件"→"打开项目"命令，打开素材文件夹中的"三点剪辑视频.prproj"项目文件。

STEP 02 进入工作界面后，可以看到"时间轴"面板中已经添加完成的素材，如图4-69所示。

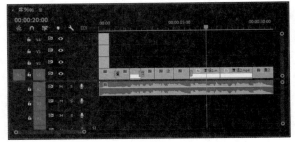

图4-69

STEP 03 在"情侣2.mp4"视频素材中间插入"情侣3.mp4"视频素材。将时间指示器移至00:00:25:12处，单击"节目"监视器面板底部的"标记入点"按钮 （快捷键I），如图4-70所示。

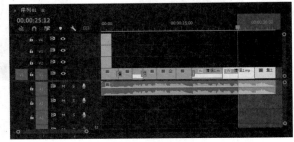

图4-70

STEP 04 双击"项目"面板中的"情侣3.mp4"视频素材，将其在"源"监视器面板中打开，将播放滑块拖至00:00:00:00处，单击"源"监视器面板底部的"标记入点"按钮 （快捷键I），如图4-71所示，继续将播放滑块拖至00:00:02:00处，单击"标记出点"按钮 （快捷键O），如图4-72所示。

STEP 05 在"时间轴"面板中，单击A1轨道左侧的"切换轨道锁定"按钮 ，如图4-73所示，然后单击"源"监视器面板底部的"插入"按钮 ，如图4-74所示。

图4-71

图4-72

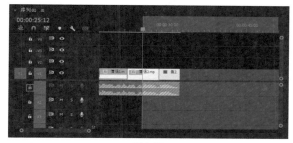

图4-73

图4-74

STEP 06 完成上述操作后，选定部分即可被插入到"时间轴"面板所设定的入点位置，如图4-75所示。

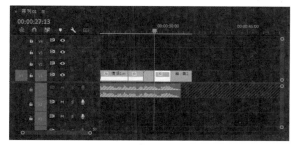

图4-75

STEP 07 预览视频画面，发现"节目"监视器面板

中"情侣3.mp4"视频素材画面过小，如图4-76所示，需调整画面大小。

图4-76

STEP 08 选中"情侣3.mp4"视频素材并右击，在弹出的快捷菜单中选择"添加帧定格"选项，如图4-77所示。

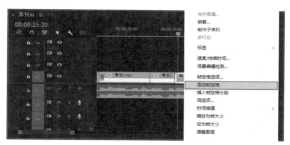

图4-77

STEP 09 将时间指示器移至00:00:32:15处，按Ctrl+K组合键，将"鱼2.mp4"视频素材分割，选中00:00:32:15之后的片段，按Delete键将其删除，如图4-78所示。

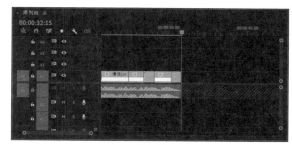

图4-78

4.3.6 实例：四点编辑视频

四点编辑是在确定素材的入点、出点的同时，还要确认"时间轴"面板上目标位置的入点和出点，然后将素材插入到"时间轴"面板上的编辑方式。下面详细讲解四点编辑的操作方法，案例效果如图4-79所示。

图4-79

STEP 01 启动Premiere Pro 2024软件，在菜单栏中执行"文件"→"打开项目"命令，打开素材文件夹中的"四点剪辑视频.prproj"项目文件。

STEP 02 进入工作界面后，可以看到"时间轴"面板中已经添加完成的素材，如图4-80所示。

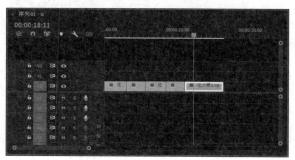

图4-80

STEP 03 如果选定的素材长度大于时间轴的长度。将时间指示器移至00:00:16:15处，在"节目"监视器面板中单击"标记入点"按钮 （快捷键I），如图4-81所示，继续将时间指示器移至00:00:20:00处，在"节目"监视器面板中，单击"标记出点"按钮 （快捷键O），如图4-82所示。

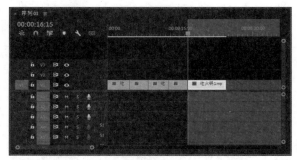

图4-81

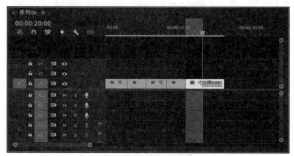

图4-82

STEP 04 在"项目"面板中双击"吃火锅2.mp4"视频素材，将其在"源"监视器面板中打开，将播放滑块移至00:00:00:00处，单击"标记入点"按钮 （快捷键I），即可为素材添加入点，如图4-83所示，继续将播放滑块移至00:00:04:22处，单击"标记出点"按钮 （快捷键O），即可为素材添加出点，如图4-84所示。

图4-83

Premiere Pro 2024 从新手到高手

图4-84

STEP 05 单击"源"监视器面板底部的"覆盖"
按钮 🖼 ，如果选
定 的 素 材 长 度 大
于 时 间 轴 的 长 度 ，
在覆盖素材时会弹出
"适合剪辑"对话
框，如图4-85所示。

STEP 06 选中"更
改剪辑速度（适合填
充）"单选按钮，单
击"确定"按钮，素材将改变其本身的速度，以"时
间轴"面板中入点和出点之间的长度为标准进行压
缩，再插入到"时间轴"面板中，如图4-86所示。

图4-85

图4-86

STEP 07 执行"编辑"→"撤销"命令（快捷键
Ctrl+Z），撤销上一步操作。

STEP 08 单击"源"监视器面板底部的"覆盖"按
钮 🖼 ，在覆盖素材时
会弹出"适合剪辑"
对话框，选中"忽略
源入点"单选按钮，
单击"确定"按钮，
如图4-87所示，素材
的出点将与"时间
轴"面板中的出点相

图4-87

匹配，与此同时，系统将自动在"时间轴"面板的入
点处对素材进行修剪，使素材的入点与"时间轴"面
板上的入点保持一致，如图4-88所示。

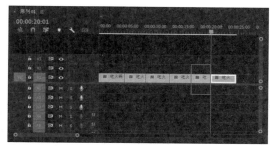

图4-88

STEP 09 执行"编辑"→"撤销"命令（快捷键
Ctrl+Z），撤销上一步操作。

STEP 10 单击"源"监视器面板底部的"覆盖"按钮
🖼 ，在覆盖素材时会弹
出"适合剪辑"对话框，
选中"忽略源出点"单
选按钮，单击"确定"
按钮，如图4-89所示，
素材的入点将与"时
间轴"面板中的入点
相匹配。与此同时，
系统将自动在"时间

图4-89

轴"面板的出点处对素材进行修剪，使素材的出点与
"时间轴"面板上的出点保持一致，如图4-90所示。

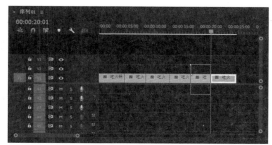

图4-90

STEP 11 执行"编辑"→"撤销"命令（快捷键
Ctrl+Z），撤销上一步操作。

STEP 12 单击"源"监视器面板底部的"覆盖"按钮
🖼 ，在覆盖素材
时会弹出"适合剪
辑"对话框，选中
"忽略序列入点"
单选按钮，单击"确
定"按钮，如图4-91
所示，执行操作后将
直接跳过"时间轴"

图4-91

面板上的入点，在"时间轴"面板的出点位置覆盖所选素材的入点和出点之间的全部片段，如图4-92所示。

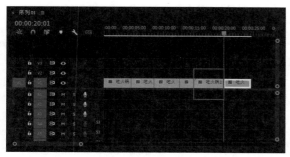

图4-92

STEP 13 执行"编辑"→"撤销"命令（快捷键Ctrl+Z），撤销上一步操作。

STEP 14 单击"源"监视器面板底部的"覆盖"按钮，在覆盖素材时会弹出"适合剪辑"对话框，选中"忽略序列出点"单选按钮，单击"确定"按钮，如图4-93所示，执行操作后将直接忽略"时间轴"面板上的出点，在

图4-93

"时间轴"面板的入点位置覆盖所选素材的入点和出点之间的全部片段，如图4-94所示。

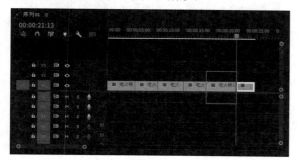

图4-94

STEP 15 执行"编辑"→"撤销"命令（快捷键Ctrl+Z），撤销上一步操作。

图4-97

STEP 16 在"源"监视器面板中，将播放滑块移至00:00:00:00处，单击"标记入点"按钮（快捷键I），为素材添加入点，如图4-95所示，继续将播放滑块移至00:00:02:22处，单击"标记出点"按钮（快捷键O），为素材添加出点，如图4-96所示。

图4-95

图4-96

STEP 17 单击"源"监视器面板底部的"覆盖"按钮，如果选定的素材长度小于"时间轴"面板选定的长度，在覆盖素材时会弹出"适合剪辑"对话框，如图4-97所示。此时不需要修整选定部分，可以直接将选择的素材添加至"时间轴"面板上选定的位置，如图4-98所示。

STEP 18 将"项目"面板中的"音乐.mp3"素材拖至A1轨道上，如图4-99所示。

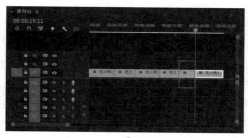

图4-98

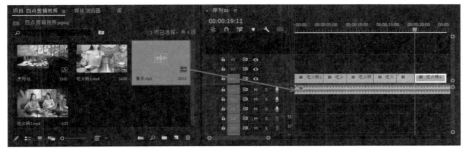

图4-99

STEP 19 将时间指示器移至00:00:24:25处，选择"工具"栏中的"剃刀工具"（快捷键C），裁剪多余的音频并删除，如图4-100所示。

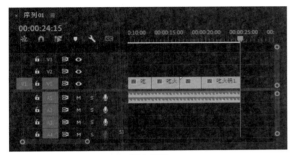

图4-100

4.4 综合实例：慢动作变色效果

在Premiere Pro 2024中，可通过时间重映射来调整视频的速度，时间重映射是指在Premiere Pro 2024中调整视频时间流逝速度的功能。通过时间重映射，可以在一个视频片段中加快或减慢时间流逝的速度，并且可以在同一个片段中的不同位置使用不同的速度。下面详细介绍使用时间重映射制作慢动作变色效果的方法，案例效果如图4-101所示。

STEP 01 启动Premiere Pro 2024软件，在菜单栏中执行"文件"→"打开项目"命令，打开素材文件夹中的"慢动作变色效果.prproj"项目文件。

STEP 02 进入工作界面后，可以看到"时间轴"面板中已经添加完成的素材，如图4-102所示。

图4-101（续）

图4-101

图4-102

STEP 03 将光标放在"马路.mp4"素材左上角的 ⊠ 图标上右击，在弹出的快捷菜单中选择"时间重映射"→"速度"选项，如图4-103所示。

图4-103

STEP 04 将光标放在V1和V2轨道之间，待显示 ⬍ 图标之后，如图4-104所示，按住鼠标左键向上拖曳，"时间轴"面板中将显示剪辑的关键帧区域，如图4-105所示。

图4-104

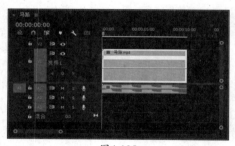

图4-105

STEP 05 将时间指示器移至00:00:01:08处，选中"马路.mp4"素材，单击轨道左侧的"添加-移除关键帧"按钮 ◎，直接在剪辑上添加关键帧，再拖动时间指示器至00:00:02:09处，单击轨道左侧的"添加-移除关键帧"按钮 ◎，添加关键帧，如图4-106所示。

图4-106

STEP 06 将光标悬停在轨道的中间，按住鼠标左键

向下拖曳，将时间重映射速度调整为18.00%，使整个区域速度变慢，如图4-107所示。

图4-107

STEP 07 观察播放效果，发现放慢的速度持续时间有点长。按住Alt键，选中第2个关键帧，向左拖曳到00:00:02:10的位置，如图4-108所示。

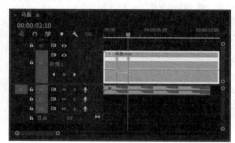

图4-108

STEP 08 根据步骤05～07的操作方法，为"马路.mp4"素材添加余下的关键帧，效果如图4-109所示。

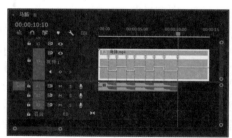

图4-109

STEP 09 将时间指示器移至00:00:10:10处，使用"剃刀工具" ◈ 对视频素材进行分割，如图4-110所示，选中分割出来的后半段素材，按Delete键将其删除，如图4-111所示。

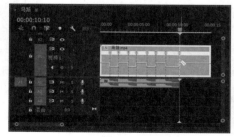

图4-110

Premiere Pro 2024 从新手到高手

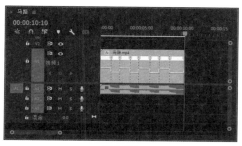

图4-111

STEP 10 在"项目"面板中,单击右下角的"新建项目"按钮▣,在弹出的菜单中选择"调整图层"选项,如图4-112所示,再在打开的"调整图层"对话框中单击"确定"按钮,如图4-113所示。

图4-112

图4-113

STEP 11 将"项目"面板中的"调整图层"拖至"时间轴"面板的V2轨道上,使其起始位置为00:00:01:08,结束位置为00:00:02:09,如图4-114所示。

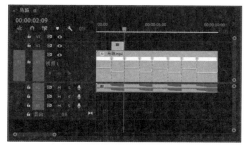

图4-114

STEP 12 选中V2轨道的"调整图层",在"Lumetri颜色"面板的"基本校正"选项组中,设置"饱和度"参数为0.0、"曝光"参数为-1.4、"高光"参数为-28.5、"阴影"参数为39.0,如图4-115所示。

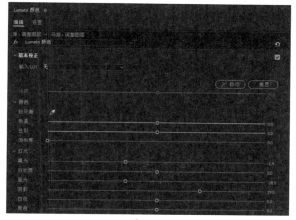

图4-115

STEP 13 选中V2轨道的"调整图层",按住Alt键,将其向后复制3段,并依次调整其长度,使其和相应的慢放片段的长度保持一致,如图4-116所示。

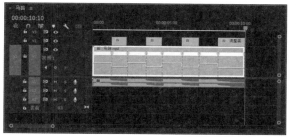

图4-116

4.5 本章小结

本章主要介绍了Premiere Pro 2024的一些高级剪辑技巧,例如标记的使用、波纹编辑、滚动编辑、内滑/外滑编辑、插入与覆盖编辑、三点/四点编辑以及时间重映射的应用等。想要制作出一条精彩的视频,少不了高超剪辑技巧的加持,希望本章介绍的剪辑技巧可以帮助大家更加熟练地使用Premiere Pro 2024,并剪辑出更加精彩的视频。

第 5 章
视频的转场效果

视频的转场效果，又称为"镜头切换"，它可以作为两个素材之间的衔接效果，例如划像、叠变、卷页等，从而实现场景或情节之间的平缓过渡，实现丰富画面、吸引观众的效果，本章将详细讲解Premiere Pro 2024中转场效果的使用方法和实际应用技巧。

本章重点

◎ 认识视频转场　　　　　　◎ 制作逻辑因素转场

◎ 常见的视频转场效果　　　◎ 制作多屏分割转场

◎ 影片的转场技巧　　　　　◎ 动感健身混剪

本章的效果如图5-1所示。

图5-1

5.1　认识视频转场

视频转场在影片的制作过程中具有至关重要的作用，它可以将两段素材更好地衔接在一起，实现两个场景的平滑过渡。

5.1.1　视频转场效果概述

视频转场效果也可以称为"视频切换"，主要是用在两段素材之间，以实现画面场景的平滑切换。通常在影视制作中，将视频转场效果添加在两个相邻素材的中间，在播放时可以产生相对平缓或连贯的视觉效果，从而达到增强画面氛围、吸引观者视线的目的，如图5-2所示。

图5-2

在Premiere Pro 2024中，视频转场效果的操作，基本都在"效果"面板与"效果控件"面板中完成，如图5-3和图5-4所示。其中"效果"面板的"视频过渡"文件夹中包含了8组视频转场效果。

图5-3 　　　　　　　　图5-4

5.1.2 "效果"面板的使用

打开"效果"面板，在"预设"或"Lumetri预设"文件夹上右击，在弹出的快捷菜单中选择"导入预设"选项，即可将预设文件导入"效果"面板的素材箱中，如图5-5所示。

需要注意的是，Premiere Pro自带的预设效果是无法删除的，用户自定义的预设则可以删除。选择需要删除的预设文件，然后单击"效果"面板右下角的"删除自定义项目"按钮■，即可删除预设文件，如图5-6所示。

图5-5 　　　　　　　　图5-6

5.1.3 实例：添加视频转场效果

视频转场效果在影视编辑工作中的应用十分频

繁，通过为素材添加视频转场效果，可以令原本普通的画面增色不少。本例将详细讲解添加视频转场效果的操作方法。

STEP 01 启动Premiere Pro 2024，按快捷键Ctrl+O，打开素材文件夹中的"转场效果.prproj"项目文件。进入工作界面后，可以看到"时间轴"面板中已经添加好的两段素材，如图5-7所示。

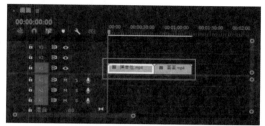

图5-7

STEP 02 在"效果"面板中展开"视频过渡"文件夹，选择"划像"效果组中的"盒形划像"选项，将其拖曳添加至"时间轴"面板中的两段素材之间，如图5-8所示。

图5-8

STEP 03 除上述方法外，还可以选择在"效果"面板中的效果搜索栏中输入效果名称来快速找到所需效果，如图5-9所示。

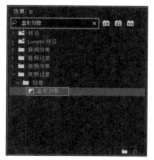

图5-9

STEP 04 完成视频转场效果的添加后，在"节目"监视器面板中可预览最终效果，如图5-10所示。

图5-10

5.1.4 自定义转场效果

在应用视频转场效果之后，还可以对转场效果进行编辑，使其更适应影片需求。视频转场效果的参数调整可以在"时间轴"面板中完成，也可以在"效果控件"面板中完成，但是这么做的前提是必须在"时间轴"面板中选中转场效果，才可以对其进行编辑。

在"效果控件"面板中，可以调整转场效果的作用区域，"对齐"下拉列表提供了4种对齐方式，如图5-11所示，用户可以通过设置不同的对齐方式来控制转场效果。此外，还可以选择在"效果控件"面板中调整转场效果的持续时间、对齐方式、开始和结束的比例、边框宽度、边框颜色、消除锯齿品质等参数。

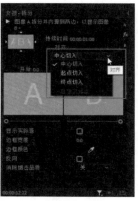

图5-11

"对齐"下拉列表中各种对齐方式说明如下。

- 中心切入：将转场效果添加在相邻素材的中间位置。
- 起点切入：将转场效果添加在第二个素材的开始位置。
- 终点切入：将转场效果添加在第一个素材的结束位置。
- 自定义起点：通过单击拖曳转场效果，自定义转场的起始位置。

5.1.5 实例：调整转场效果的持续时间

在为素材添加了视频转场效果后，可以进入"效果控件"面板对效果的持续时间进行调整，从而制作出符合视频需要的转场效果。

STEP 01 启动Premiere Pro 2024，按快捷键Ctrl+O，打开素材文件夹中的"时长调整.prproj"项目文件。进入工作界面后，可以看到"时间轴"面板中已经添加好的两段素材，素材中间已经添加了"时钟式擦除"过渡效果，如图5-12所示。

图5-12

STEP 02 在"时间轴"面板中单击选中素材中间的"时钟式擦除"效果，打开"效果控件"面板，如图5-13所示。

STEP 03 单击"持续时间"选项后的数字（此时代表转场效果的持续时间为00:00:01:00），进入编辑状态，然后输入00:00:03:00，将转场效果的持续时间调整为3s，按Enter键可结束编辑，如图5-14所示。

图5-13   图5-14

STEP 04 完成上述操作后，在"节目"监视器面板中可预览最终效果，如图5-15所示。

图5-15

📦 **提示**

除上述方法外，还可以选择在"时间轴"面板中右击视频过渡效果，在弹出的快捷菜单中选择"设置过渡持续时间"选项，如图5-16所示，或者双击转场效果，在弹出的对话框中同样可以调整效果的持续时间。

图5-16

5.2 常见视频转场效果

Premiere Pro提供了多种典型且实用的视频转场效果，并对其进行了分组，包括"内滑""沉浸式视频""溶解"等，下面进行详细介绍。

5.2.1 3D运动类转场效果

"3D运动"类转场效果主要是为了体现场景的

层次感，可为画面营造从二维空间到三维空间的视觉效果，该类型包含了多种三维运动的视频转场效果。

1. 3D切片立方体

"3D切片立方体"转场效果是使第二个场景以条状立方体的形式旋转，以实现前后场景的切换，应用效果如图5-17所示。

2. Impact 3D方块

"Impact 3D方块"转场效果是将两个场景作为方块，以上下旋转的方式实现前后场景的切换。应用效果如图5-18所示。

3. Impact 3D翻转

"Impact 3D翻转"转场效果是将两个场景模拟为一张纸的两面，然后通过翻转纸张的方式来实现两个场景的转换。通过单击"效果控件"面板中的"自定义"按钮，可以设置不同的"带"和填充颜色，应用效果如图5-19所示。

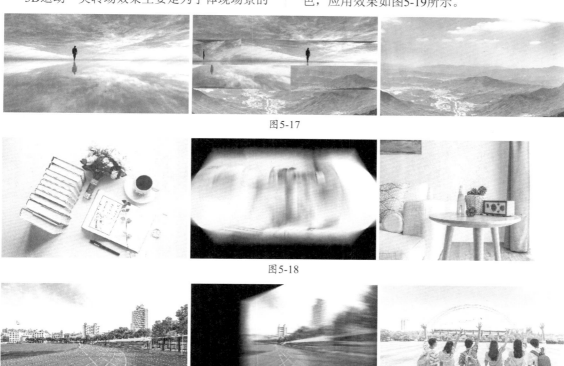

图5-17

图5-18

图5-19

5.2.2 内滑类转场效果

"内滑"类转场效果主要是以滑动的形式来实现场景的切换，下面讲解几种常用的"内滑"类视频转场效果。

1. 急摇

"急摇"转场效果是将第一个场景与第二个场景交替播放，中间会产生黑场的状态，应用效果如图5-20所示。

图5-20

2. 带状内滑

"带状内滑"转场效果是使第二个场景以条状形式从上向下滑入画面，直至覆盖第一个场景，应用效果如图5-21所示。

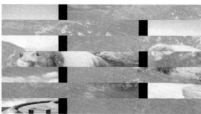

图5-21

3. 推

"推"转场效果是使第二个场景从画面的一侧出现，并将第一个场景推出画面，应用效果如图5-22所示。

图5-22

5.2.3 划像类转场效果

"划像"类转场效果主要是将一个场景伸展，并逐渐切换到另一个场景，下面讲解几个比较常用的视频转场效果。

1. 交叉划像

"交叉划像"转场效果是使第二个场景以十字形在画面中心出现，然后由大变小，逐渐遮盖住第一个场景，应用效果如图5-23所示。

图5-23

2. 圆划像

"圆划像"转场效果是使第一个场景以圆形的方式在画面中心由大变小，逐渐呈现出第二个场景，应用效果如图5-24所示。

图5-24

3. 盒形划像

"盒形划像"转场效果是使第二个场景呈盒形在画面中心出现，由小变大，逐渐呈现出第二个场景，应用效果如图5-25所示。

图5-25

4. 菱形划像

"菱形划像"转场效果是使第二个场景呈菱形在画面中心出现，逐渐遮盖住第一个场景，应用效果如图5-26所示。

图5-26

5.2.4 擦除类过渡效果

"擦除"类转场效果主要是通过两个场景的相互擦除来实现场景的转换，下面讲解几个比较常用的视频转场效果。

1. 带状擦除

"带状擦除"效果是使第二个场景以条状从上至下进入画面，并逐渐覆盖第一个场景，应用效果如图5-27所示。

图5-27

2. 径向擦除

"径向擦除"转场效果是使第二个场景以第一个场景的中心为圆心，以画圆的方式扫入画面，并逐渐覆盖第一个场景，应用效果如图5-28所示。

图5-28

3. 时钟式擦除

"时钟式擦除"转场效果是将第二个场景以时钟旋转的方式逐渐覆盖第一个场景，应用效果如图5-29所示。

图5-29

4. 百叶窗

"百叶窗"转场效果是使第二个场景以百叶窗的形式逐渐旋转显示，并覆盖第一个场景，应用效果如图5-30所示。

图5-30

5.2.5 沉浸式视频类过渡效果

"沉浸式视频"类转场效果需要通过头戴式显示设备来体验视频内容，大家可以自行尝试使用，该类转场效果中包含了8种VR转场特效，如图5-31所示。

图5-31

5.2.6 溶解类视频过渡效果

"溶解"类转场效果是视频编辑时常用的一类转场特效，可以较好地表现事物之间的缓慢过渡与变化，下面讲解几种比较常用的视频转场效果。

1. MorphCut

MorphCut效果在处理如单个拍摄对象的"头部特写"采访视频、固定拍摄（极少量的摄像机移动的情况）和静态背景（包括避免细微的光照变化）等素材时效果极佳，该转场效果的具体应用方法如下。

- 在"时间轴"面板中设置素材的入点和出点，以选择要使用的剪辑部分。

- 在"效果"面板中找到MorphCut转场效果，并将该效果拖至"时间轴"面板中剪辑之间的编辑点上。
- 应用MorphCut效果后，剪辑立即在后台开始分析，同时，"在后台进行分析"的信息会显示在"节目"监视器面板中，如图5-32所示。

图5-32

完成分析后，将以编辑点为中心创建一个对称过渡。过渡持续时间符合为"视频过渡默认持续时间"指定的默认30帧。使用"首选项"对话框可以更改默认持续时间。

2. 交叉溶解

　　"交叉溶解"转场效果是在第一个场景淡化消失的同时，会使第二个场景逐渐出现，应用效果如图5-33所示。

3. 叠加溶解

　　"叠加溶解"转场效果是将第一个场景作为纹理贴图映像到第二个场景上，以实现高亮度叠化的转场效果，应用效果如图5-34所示。

4. 白场过渡

　　"白场过渡"转场效果会使第一个场景逐渐淡化到白色场景，然后从白色场景淡化到第二个场景，应用效果如图5-35所示。

图5-33

图5-34

图5-35

5. 胶片溶解

　　"胶片溶解"转场效果是使第一个场景产生胶片朦胧的效果，同时逐渐转换至第二个场景，应用效果如图5-36所示。

图5-36

6. 黑场过渡

"黑场过渡"转场效果是使第一个场景逐渐淡化到黑色场景，然后从黑色场景淡化到第二个场景，应用效果如图5-37所示。

图5-37

5.2.7 缩放类视频过渡效果

"缩放"类转场效果中只有一个视频转场效果，即"交叉缩放"效果，该效果先将第一个场景放至最大，然后切换到第二个场景的最大，之后第二个场景再缩放到合适大小，应用效果如图5-38所示。

图5-38

5.2.8 页面剥落视频过渡效果

"页面剥落"类转场效果中的视频转场效果会以书页翻开的形式，实现场景画面的切换。"页面剥落"特效组中只有一种视频转场效果——"翻页"效果。

"翻页"效果会将第一个场景从一角卷起（卷起后的背面会显示第二个场景），然后逐渐显现第二个场景，应用效果如图5-39所示。

图5-39

5.2.9　实例：制作婚礼动态相册

本例综合运用前面所学的转场效果知识制作一个婚礼动态相册效果，如图5-40所示。

图5-40

素材详细分布如表5-1所示。

表5-1　视频素材清单

素材名称	入点位置	出点位置	速度/持续时间	"时间轴"面板位置（放置在时间线后方）
牵手.jpg	/	/	00:00:03:00	00:00:00:00
散步.jpg	/	/	00:00:03:00	00:00:03:00
求婚.jpg	/	/	00:00:03:00	00:00:06:00
单膝下跪.jpg	/	/	00:00:03:00	00:00:09:00
婚礼.mp4	/	/	00:00:12:14	00:00:12:00
荧光.mov	/	/	00:00:20:09	00:00:00:00
边框.mov	/	/	00:00:12:00	00:00:00:00
文字			00:00:04:24	00:00:24:14
音乐.wav	00:00:00:00	00:00:29:13	00:00:29:13	00:00:00:00

STEP 01　启动Premiere Pro 2024，按快捷键Ctrl+O，打开素材文件夹中的"婚礼动态相册.prproj"项目文件。在"项目"面板的空白区域双击，打开"导入"对话框，选择需要导入的素材，单击"打开"按钮，将素材导入"项目"面板，如图5-41所示。

STEP 02　依次将"牵手.jpg""散步.jpg""求婚.jpg""单膝下跪.jpg"四个素材拖入"时间轴"面板中的V1轨道上，如图5-42所示。

STEP 03　按住鼠标左键框选所有素材并右击，在弹出的快捷菜单中选择"速度/持续时间"选项，在打开的"剪辑速度/持续时间"对话框中，将"持续时

间"修改为00:00:03:00，如图5-43所示。

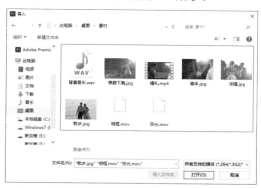

图5-41

STEP 04 制作相册背景。选中V1轨道上的四个素材片段，按住Alt键，拖动素材到V2轨道，即可批量复制素材到另一轨道，如图5-44所示。

图5-42
图5-43
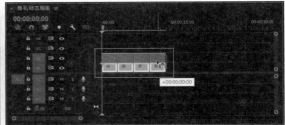
图5-44

STEP 05 框选V2轨道的所有素材，打开"效果控件"面板，在"运动"属性中找到"缩放"选项，将其参数调整为13.0，如图5-45所示。

图5-45

STEP 06 将"婚礼.mp4"素材拖动到V2轨道"单膝下跪.jpg"素材之后，如图5-46所示。将时间指示器移至00:00:24:14处，使用"剃刀工具" 在该时间点将素材分割。选中分割出来的后半段素材，右击，在弹出的快捷菜单中选择"速度/持续时间"选项，在打开的"剪辑速度/持续时间"对话框中，将"速度"值调整为50，如图5-47所示。

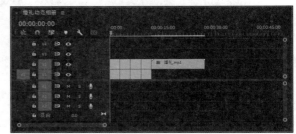
图5-46

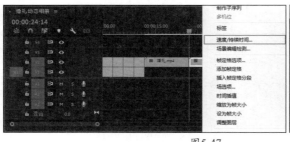

图5-47

STEP 07 将"荧光.mov"与"边框.mov"素材分别拖至V4和V3轨道中，如图5-48所示。单击"边框.mov"素材，在"效果控件"面板的"运动"属性中找到"缩放高度"和"缩放宽度"选项，取消勾选"等比缩放"复选框，调整"缩放高度"值为60.0、"缩放宽度"值为50.0，如图5-49所示。

STEP 08 在"效果"面板的搜索栏中输入"交叉划像"效果，找到"交叉划像"效果并拖至"牵手.jpg"与"散步.jpg"素材的相接处，继续搜索"棋盘擦除"与"立方体旋转"效果，并依次放入"散步.jpg"与"求婚.jpg"素材之间和"求婚.jpg"与"单膝下跪.jpg"素材之间，添加的效果全都保持默认设置，如图5-50所示。

STEP 09 在"效果"面板的搜索栏中输入"交叉划像"，找到该效果并拖至"单膝下跪.jpg"与"婚礼.mp4"素材的相接处，再将其拖至"荧光.mov"与"边框.mov"素材的末尾处，如图5-51所示。

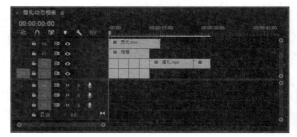
图5-48

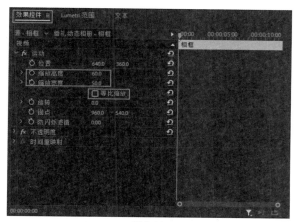

图5-49

图5-50

图5-51

STEP 10 将"音乐.wav"素材拖至A1轨道上,在"效果面板"的搜索栏中输入"恒定增益",找到该效果并加入"音乐.wav"素材的开始和结尾处,形成缓入缓出的效果,如图5-52所示。

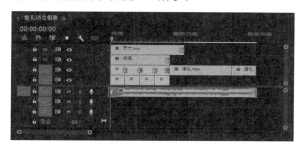

图5-52

STEP 11 将时间指示器移至00:00:24:14处,选择"文字工具" **T**,如图5-53所示,在"节目"监视器面板中单击并输入"我们结婚啦"文字,在"基本图形"面板的"编辑"选项卡中找到"对齐并变换"

选项,单击其中的"水平居中对齐"按钮,如图5-54所示。

图5-53

图5-54

STEP 12 选中"我们结婚啦"文字素材,在"基本图形"面板的"编辑"选项卡中找到"外观"选项组,可以编辑文字的填充颜色、描边、阴影和背景的属性,按照个人喜好调整即可,如图5-55所示。

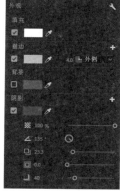

图5-55

STEP 13 在"我们结婚啦"文字素材的前后边界处右击,在弹出的快捷菜单中选择"应用默认过渡"选项,即可快速添加"交叉溶解"效果,如图5-56所示。

图5-56

5.3 影片的转场技巧

5.3.1 无技巧性转场

运用镜头拍摄的方式自然地衔接前后两段不同视频素材的方式叫做"无技巧转场",这种转场方式主要适用于蒙太奇镜头段落之间的转换,更加强调视觉的连续性。在剪辑过程中,并不是任意两个镜头之间都可以应用无技巧转场,需要注意寻找合理的转换因素和适当的造型因素。应用无技巧转场的方法主要有13种,下面分别进行介绍。

1. 两极转场

"两极转场"是利用前后镜头在景别、动静等方面的对比，形成较为明显的段落层次。两极转场可以大幅省略无关紧要的过程，有助于保持整片的节奏感，如图5-57所示。

图5-57

2. 同景别转场

以前一个场景结尾的镜头与后一个场景开头的镜头景别相同的方式进行转场称为"同景别转场"，这种方式可以使观众集中注意力，增加场面过渡衔接的紧凑感，如图5-58所示。

图5-58

3. 特写转场

"特写转场"是无论前一组镜头的最后一个镜头是什么景别，下一个镜头都以特写镜头开始，从而对局部进行放大，以达到突出强调的效果，形成"视觉重音"，如图5-59所示。

图5-59

4. 声音转场

"声音转场"是利用音乐、音效、解说词、对白等与画面进行配合，从而实现转场的方式，可分为三大类。

- 利用声音过渡所具有的和谐性转换到下一个段落，通常以声音的延续、提前进入、前后段落声音相似部分的叠化等方式实现。
- 利用声音的呼应关系弱化画面转换时的视觉跳动感，从而实现时空大幅度转换。
- 利用前后声音的反差，加大段落间隔，增强节奏感。通常有两种方式，即某声音戛然而止，镜头转换到下一个段落；或者后一段落声音突然增大或出现，利用声音吸引观众注意力，促使人们关注下一段落。

5. 空镜头转场

借助空镜头（或称景物镜头）作为两个段落的间隔为"空镜头转场"。空镜头大致分为两类：一类是以景为主，以物为衬，例如山河、田野、天空等，通过这些画面展示不同的地理风貌，表示时间变化和季节变换；另一类镜头是以物为主，以景为衬，例如在镜头前驶过的交通工具或建筑、雕塑、室内陈设等。通常使用这些镜头挡住画面或特写状态作为转场，如图5-60所示。

6. 遮挡镜头转场

"遮挡镜头转场"是指镜头被画面内运动的

主体暂时完全挡住，使观众无法从画面中辨别被摄体的形状和质地等特性，随后转换到下一镜头的方式，如图5-60所示。

图5-60

依据遮挡方式不同，遮挡镜头转场大致可分为两类情形：一是主体迎面而来挡住镜头；二是画面内的前景暂时挡住画面内其他人或物，成为覆盖画面的唯一形象。例如，拍摄人群中人物的镜头，前景中来往的行人突然挡住了画面主角，如图5-61所示。

图5-61

图5-61（续）

7. 相似体转场

"相似体转场"是指前后镜头的主体形象相同或具有相似性，两个物体的形状相近，位置重合，运动方向、速度、色彩等方面具有较高的一致性等，以此转场来达到视觉连续、顺畅的目的，如图5-62所示。

图5-62

8. 地点转场

"地点转场"是指根据叙事的需要，不考虑前后两个画面是否具有连贯性而直接进行切换（通常使用硬切），以满足场景的转换需求，此种转场方式比较适用于新闻类节目，如图5-63所示。

图5-63

图5-63（续）

9. 运动镜头转场

"运动镜头转场"是指通过运镜完成画面的转场，或利用前后镜头中的人物、交通工具等动势的可衔接性及动作的相似性作为媒介，完成转场，如图5-64所示。

图5-64

10. 同一主体转场

"同一主体转场"是指前后两个场景用相同的元素进行衔接，形成前镜与后镜的承接关系，如图5-65所示。

11. 出画入画转场

"出画入画转场"是指前后镜头分别为主体走出画面和走入画面的形式，通常适用于转换时空的场景，如图5-66所示。

12. 主观镜头转场

"主观镜头转场"是指前一个镜头表现主体人物及视觉方向，后一个镜头为主体人物（想要）看到的内容，通过前后镜头间的主观逻辑关系来处理场面转换问题，也可用于大时空转换，如图5-67所示。

图5-65

图5-66

图5-67

图5-67（续）

13. 逻辑因素转场

"逻辑因素转场"是指运用前后镜头的因果、呼应、并列、递进、转折等逻辑关系进行转场，使转场更具有合理性。在广告视频中经常会使用此类转场，如图5-68所示。

图5-68

5.3.2 实例：制作逻辑因素转场

本例制作的是逻辑因素转场的视频效果，运用每个的镜头的逻辑关系，使观众对其变换感到流畅，如图5-69所示。

图5-69

STEP 01 启动Premiere Pro 2024，按快捷键Ctrl+O，打开素材文件夹中的"逻辑因素转场.prproj"项目文件。进入工作界面后，在"时间轴"面板可以看到添加好的素材，如图5-70所示。

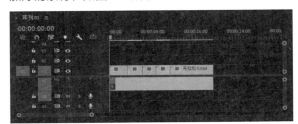

图5-70

STEP 02 打开"效果"面板，为音乐素材前后部分分别加入"恒定增益"与"指数淡化"效果，参数设置保持默认，如图5-71所示。

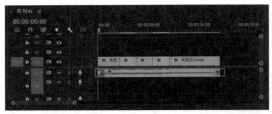

图5-71

STEP 03 在"马拉松1.mp4"素材的00:00:02:11、00:00:02:13、00:00:02:19与00:00:02:21的位置,按快捷键Ctrl + K进行切割,在"效果"面板中搜索"波形变形""黑白正常对比度""边角定位"效果,并添加至两个分割出的片段中,效果参数为默认设置,如图5-72所示。在"节目"监视器面板的预览效果如图5-73所示。

图5-72

图5-73

图5-73(续)

STEP 04 制作片头的颜色填充效果。在"效果"面板的搜索栏中搜索"黑白正常对比度"效果,并将其添加到开头处的"马拉松1.mp4"素材内,在"效果控件"面板中找到"黑白正常对比度"→"创意"→"强度"选项,当时间指示器在开头处时单击"切换动画"按钮❶创建关键帧,如图5-74所示,将时间指示器移至00:00:01:02处,将"强度"参数调整至0。

图5-74

STEP 05 使片段随着音乐节奏变换速度。将时间指示器移至00:00:01:02处,按快捷键Ctrl + K分割素材片段,右击第二个片段,在弹出的快捷菜单中选择"速度/持续时间"选项,在打开的"剪辑速度/持续时间"对话框中,调整"速度"值为200,如图5-75所示。

STEP 06 为"马拉松4.mp4"素材添加"卡点故障"效果。当时间指示器在00:00:10:03、00:00:10:08和00:00:10:14时,按快捷键Ctrl + K分割素材片段,如图5-76所示。得到两个短片段后打开"效果"面板,查找"波形变形"和"杂色"效果,为前一个片段添加"波形变形"效果,为后一个片段添加"杂色"

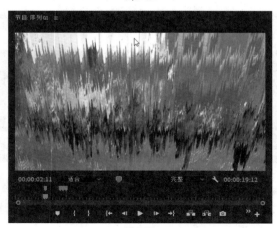

效果。在"效果控件"面板中调整"波形变形"参数，将"波形高度"值调整为115、"波形类型"为"平滑杂色"。再选择"效果控件"面板中的"杂色"参数，将"杂色数量"值调整为100.0%，如图5-77所示。

图5-75

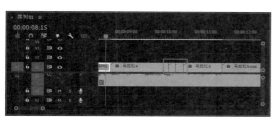

图5-76

图5-77

5.3.3 技巧性转场

本节介绍8类技巧性转场的制作方法，包含淡入/淡出、缓淡、闪白、划像、翻转、定格、叠化和多画屏分割转场。

1. 淡入/淡出转场

"淡入"是指下一段落第一个镜头的画面逐渐显现，直至达到正常亮度为止；"淡出"是指上一段落最后一个镜头的画面逐渐隐去，直至达到黑场为止，从而使剪辑更加自然、流畅地过渡至开始或结束。淡入或淡出位置需要在实际编辑时根据视频的情节、情绪、节奏的要求来决定。在两段剪辑的淡出与淡入之间添加一段黑场可以增添间隙感。

打开"效果"面板，找到"交叉溶解"效果，并拖至视频素材的开始处和结束处，如图5-78所示。

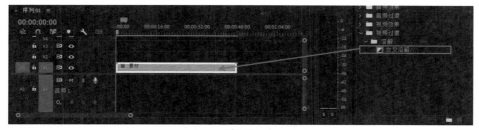

图5-78

可将效果添加至两个视频素材的衔接处，双击轨道中的"交叉溶解"文字，打开"设置过渡持续时间"对话框，如图5-79所示，输入所需效果持续时间。

图5-79

音频也可设置淡入/淡出效果,找到"音频过渡"中的"恒定功率"效果,拖至音频素材的开始处与结束处,如图5-80所示。另外,还可以拖至第一段剪辑的结束处或第二段剪辑的开始处。

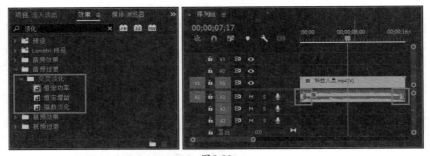

图5-80

2. 缓淡(减慢)转场

"缓淡"转场通常用于强调抒情、思索、回忆等情绪,让观众对影片产生悬念。可通过放慢渐隐速度或添加黑场来实现这种转场效果。

3. 闪白(加快)转场

"闪白"通常可以用来掩盖镜头的剪辑点,从视觉上增加跳动感,具体效果是将画面转为亮白色,具体操作方法如下

STEP 01 将"1.mp4"和"2.mp4"素材导入"项目"面板并将其拖至"时间轴"面板中,如图5-81所示。

图5-81

STEP 02 在"效果"面板中搜索"白场过渡"效果,并将其拖至视频衔接处,设置"持续时间"为00:00:00:10,"对齐"方式为"中心切入",如图5-82所示。

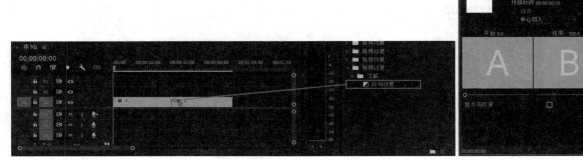

图5-82

4. 划像(二维)转场

"划像"可分为划出与划入,前一画面从某一方向退出屏幕称为"划出",下一个画面从某一方向进入屏幕称为"划入",根据画面进出荧幕的方向不同,又可分为横划、竖划、对角线划等,多用于两个内容意义差别较大的画面之间的转换。

5. 翻转(三维)转场

"翻转"是指画面以屏幕中线为轴转动,前一段落为正面,画面消失,背面画面则转到正面开始另一画面(类似书本翻页),多用于对比或对照性较强的画面转换。

6. 定格转场

"定格"是指将画面中的运动主体突然变为静止状态，使人产生瞬间的视觉停顿，接着出现下一个画面，常用于不同主题段落之间的转换。

7. 叠化转场

"叠化"是指前一个镜头的画面与后一个镜头的画面相互叠加，前一个镜头的画面逐渐隐去，而后一个镜头的画面逐渐显现的过程。叠化的主要作用有三种：用于时间的转换，表示时间的消逝；用于空间的转换，表示空间发生变化；用于表现梦境、想象、回忆等插叙、回叙的场景。

8. 多画屏分割转场

"多画屏"也称为多画面、多画格或多银幕，是把屏幕分为多个画面，可以是多重剧情并列发展，从而压缩时间，深化视频内涵。

5.3.4 实例：制作多屏分割转场

本例制作多屏分割转场效果，如图5-83所示。

图5-83

STEP 01 启动Premiere Pro 2024，按快捷键Ctrl+O，打开素材文件夹中的"多屏分割转场.prproj"项目文件，可以在"时间轴"面板中看到已经添加的素材。

STEP 02 打开"效果"面板，在音频末端添加一个"指数淡化"效果，如图5-84所示。

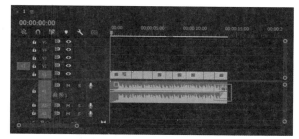

图5-84

STEP 03 将完整的视频画面分割成块。在"效果控件"面板中找到"视频"→"不透明度"选项，单击"创建四点多边形蒙版"按钮，如图5-85所示，在"节目"监视器面板中拖动四边形蒙版的边缘进行调整，创建多个四边形蒙版，做出如图5-86所示的破碎效果。

图5-85

图5-86

STEP 04 为成块的视频画面添加外框。在工具箱中选择"矩形工具"■，在"节目"监视器面板中拖动光标创建图形。在"效果控件"面板中调整外框的方向和外观，如图5-87所示。在创建了第一个外框后，可以直接在"节目"监视器面板中复制粘贴，在"节目"监视器面板中的预览效果如图5-88所示。

STEP 05 使用同样的方法创建所有外框，参数和最终效果如图5-89所示。

图5-87

STEP 06 选中"稻田.mp4"素材，在时间指示器为00:00:01:03时，在"效果控件"面板中单击"蒙版1"中"蒙版路径"的"切换动画"按钮⏱创建一个关键帧，如图5-90所示。随后把时间指示器拖至开始处，在"节目"监视器面板中拖动蒙版至可视范围外，以此制作分割画面切入的效果，如图5-91所示。为使制作出的效果更美观，每个分割画面的切入时间需要分离开。

图5-88

图5-89

图5-90

图5-91

图5-91（续）

STEP 07 为外框制作动态效果。继续上一步的步骤，在00:00:01:04处单击"位置"参数左边的"切换动画"按钮，创建一个关键帧，再将"时间轴"面板拉到起点，调整"位置"下的X轴参数，将外框移出"节目"监视器面板外，效果如图5-92所示。其余外框同理。

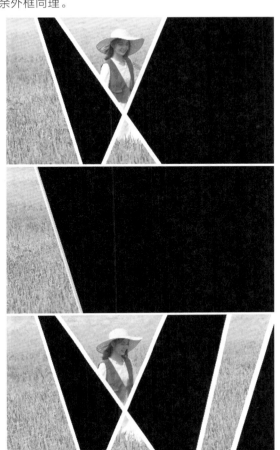

图5-92

STEP 08 在00:00:02:16处，按快捷键Ctrl+K将素材分为两段，第二段维持原素材效果，屏幕分割效果只存在于第一个片段内，方便制作分割画面，拼凑整幅画面的效果，如图5-93所示。

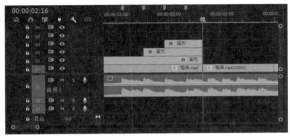

图5-93

STEP 09 为分割的画面添加淡入/淡出效果。在"效果"面板中搜索"交叉溶解"效果，为外框图层与上一步分割的两个"稻田.mp4"素材的中间都添加"交叉溶解"效果，如图5-94所示。至此操作完成。

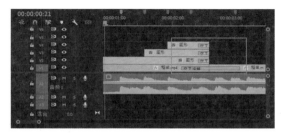

图5-94

5.4 综合实例：瞳孔转场效果

本案例将详细讲解使用蒙版工具制作瞳孔转场效果的操作方法，案例效果如图5-95所示。

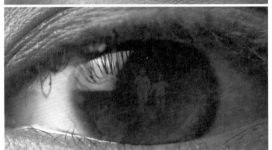

图5-95

STEP 01 启动Premiere Pro 2024软件，执行"文件"→"打开项目"命令（快捷键Ctrl+O），打开素材文件夹中的"瞳孔转场效果.prproj"项目文件。

STEP 02 进入工作界面后，可以看到"时间轴"面板中已经添加完成的素材，如图5-96所示。

图5-96

STEP 03 将时间指示器移至00:00:01:15处，选中V1轨道的"眼睛.mp4"素材并右击，在弹出的快捷菜单中选择"添加帧定格"选项，效果如图5-97所示。

图5-97

STEP 04 选中时间指示器后面的素材，在"效果控件"面板中单击"创建椭圆形蒙版"按钮，执行操作后，"节目"监视器面板的画面效果如图5-98所示。

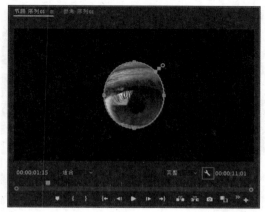

图5-98

STEP 05 在"节目"监视器面板中单击下方"设置"按钮，在弹出的快捷菜单中选择"透明网格"选项，效果如图5-99所示。

STEP 06 在"节目"监视器面板中调整蒙版路径，在"效果"面板中设置"蒙版羽化"参数为60.0、"蒙版扩展"参数为15.0，勾选"已反转"复选框，如图5-100所示。执行操作后，画面效果如图5-101所示。

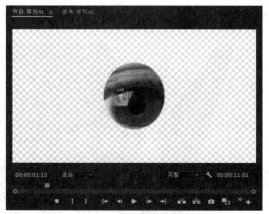

图5-99

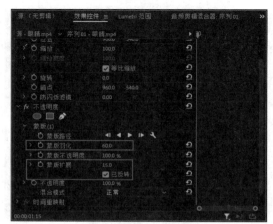

图5-100

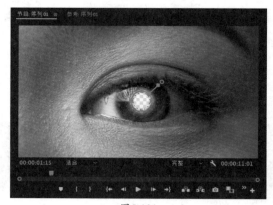

图5-101

STEP 07 在"效果控件"面板中选择"运动"效果，将"节目"监视器面板中的锚点移至瞳孔中心，如图5-102所示。

STEP 08 在"节目"监视器面板中单击下方"设置"按钮，在弹出的快捷菜单中选择"透明网格"选项，效果如图5-103所示。

STEP 09 将时间指示器移至00:00:01:15处，选中V1

Premiere Pro 2024 从新手到高手

轨道的第二段素材，在"效果控件"面板中单击"缩放"前的"切换动画"按钮，生成关键帧，将时间指示器移至00:00:04:08处，设置"缩放"参数为1797.0，如图5-104所示。

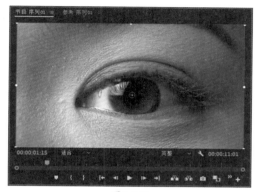

图5-102

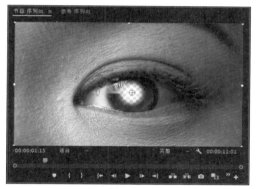

图5-103

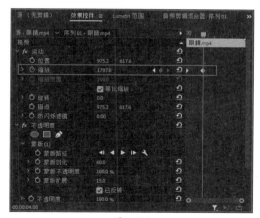

图5-104

STEP 10 选择第一个关键帧右击，在弹出的快捷菜单中选择"缓入"选项，如图5-105所示，使用同样的方法，选择第二个关键帧并右击，在弹出的快捷菜单中选择"缓出"选项。

STEP 11 选中V1轨道所有素材，向上拖至V2轨道，如图5-106所示。

STEP 12 在"项目"面板中选择"童年.mp4"素

材，将其拖至V1轨道上，选择该素材并右击，在弹出的快捷菜单中选择"取消链接"选项，然后选择A1轨道中的音频素材，按Delete键将其删除，如图5-107所示。

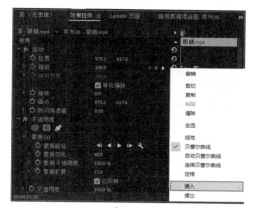

图5-105

图5-106

图5-107

STEP 13 在"效果"面板中搜索"交叉溶解"效果，将其拖至V1轨道"童年.mp4"素材的首端，如图5-108所示。

图5-108

STEP 14 在"项目"面板中选择"音乐.wav"素材，将其拖至A1轨道上，将"音效.wav"素材拖至A2轨道上，如图5-109所示。

图5-109

5.5 本章小结

本章主要介绍了视频转场效果的添加与应用方法，并说明和展示了各转场效果的特点与应用效果。本章还通过多个实例，帮助读者熟练掌握转场效果的使用方法，通过这些特效，可以有效节省制作镜头转场效果的时间，提高工作效率。灵活运用Premiere Pro内置的各种转场效果，可以使影片衔接更自然、有趣，在一定程度上增加影视作品的艺术感染力。

第6章
关键帧动画

在Premiere Pro 2024中，通过为素材的运动参数添加关键帧，可产生基本的位置、缩放、旋转和不透明度等动画效果，还可以为已经添加至素材的视频效果属性添加关键帧，营造丰富的视觉效果。

本章重点
- 关键帧设置原则
- 移动关键帧
- 创建关键帧
- 关键帧的复制和粘贴

本章的效果如图6-1所示。

图6-1

6.1 认识关键帧

关键帧动画主要是通过为素材的不同时刻设置不同的属性，使时间推进的这个过程产生变换效果。

6.1.1 认识关键帧

影片是由一张张连续的图像组成的，每一张图像代表一帧。帧是动画中最小单位的单幅影像画面，相当于电影胶片上的一个个镜头，在动画软件的时间轴上，帧表现为一格或一个标记。在影片编辑处理中，PAL制式每秒为25帧，NTSC制式每秒为30帧，而"关键帧"是指动画上关键的时刻，任何动画要表现运动或变化，至少前后要给出两个不同状态的关键帧，而中间状态的变化和衔接，由计算机自动创建完成，称为过渡帧或中间帧。

在Premiere Pro中，用户可以通过设置动作、效果、音频及多种其他属性参数，制作出连贯的动画效果。图6-2所示为在Premiere Pro中设置缩放动画后的图像效果。

图6-2

6.1.2　关键帧设置原则

在Premiere中设置关键帧时，遵循以下几个原则可以有效地提高工作效率。

- 使用关键帧创建动画时，可在"时间轴"面板或"效果控件"面板中查看并编辑关键帧的属性。在"时间轴"面板中编辑关键帧，适用于只具有一维数值参数的属性，如素材的不透明度和音频音量等；"效果控件"面板则更适合二维或多维数值的设置，如位置、缩放或旋转等。
- 在"时间轴"面板中，关键帧数值的变换会以图像的形式进行展现，因此可以更加直观地分析数值随时间变化的趋势。在"效果控件"面板中也可以图像化显示关键帧，一旦某个属性的关键帧功能被激活，便可以显示其数值及其速率图。
- 在"效果控件"面板中可以一次性显示多个

属性的关键帧，但只能显示所选的素材片段；"时间轴"面板则可以一次性显示多个轨道、多个素材的关键帧，但每个轨道或素材仅显示一种属性。
- 音频的关键帧可以在"时间轴"面板或"音频剪辑混合器"面板中调节属性。

6.1.3　默认效果控件

效果的控制都需要在"效果控件"面板中进行调整，在"效果控件"面板中默认的控件有3个，分别是运动、不透明度和时间重映射。

1. 运动效果控件

在Premiere Pro中，"运动"效果控件包括位置、缩放、旋转、锚点及防闪烁滤镜等，如图6-3所示。

图6-3

"运动"控件说明如下。

- 位置：通过设置该参数可以使素材图像在"节目"监视器面板中移动，参数后的两个值分别表示帧的中心点在画面上的X和Y坐标值，如果两个值均为0，则表示帧图像的中心点在画面左上角的原点处。
- 缩放："缩放"数值为100时，代表图像为原大小。参数下方的"等比缩放"复选框，默认为勾选状态，若取消勾选，则可分别对素材进行水平拉伸和垂直拉伸。在视频编辑中，设置的缩放动画效果可以作为视频的开场，或实现素材中局部内容的特写，这是视频编辑中常用的运动效果之一。
- 旋转：在设置"旋转"参数时，将素材的锚点设置在不同的位置，其旋转的轴心也不同。对象在旋转时将以其锚点作为旋转中心，用户可以根据需要对锚点位置进行调整。
- 锚点：即素材的轴心点，素材的位置、旋转和缩放都是基于锚点来进行操作的。通过调整参数右侧的坐标数值，可以改变锚点的位置。此外，在"效果控件"面板中选中"运动"栏，即可在"节目"监视器窗口中看到锚点，如图6-4所示，并可以直接拖动改变锚点的位置。锚点是以帧图像左上角为原点得到的坐标值，所以在改变位置的值时，锚点坐标是相对不变的。

图6-4

- 防闪烁滤镜：对处理的素材进行颜色的提取，减少或避免素材中画面闪烁的现象。

2. 不透明度控件

"不透明度"效果控件包括不透明度和混合模式两个设置，如图6-5所示。

图6-5

"不透明度"参数说明如下。

- 不透明度：该参数可用来设置剪辑画面的显示，数值越小，画面就越透明。通过设置不透明度关键帧，可以实现剪辑在序列中显示或消失、渐隐/渐现等动画效果，常用于创建淡入淡出效果，使画面过渡自然。
- 混合模式：用于设置当前剪辑与其他剪辑混合的方式，与Photoshop中的图层混合模式相似。混合模式分为普通模式组、变暗模式组、变亮模式组、对比模式组、比较模式组和颜色模式组6个组，27个模式。

6.2　创建关键帧

本节将介绍Premiere Pro中创建关键帧的几种操作方法。

6.2.1　单击"切换动画"按钮激活关键帧

在"效果控件"面板中，每个属性前都有一个"切换动画"按钮🕒，如图6-6所示，单击该按钮可激活关键帧，此时按钮会由灰色变为蓝色🕒；再次单击该按钮，则会关闭该属性的关键帧，此时按钮图标变为灰色。

图6-6

6.2.2　实例：为图像设置缩放动画

在将素材添加到"时间轴"面板中后，选择需要设置关键帧动画的素材，然后在"效果控件"面板中通过调整播放指示器的位置确定需要插入关键帧的时间点，并通过更改所选属性的参数来生成关键帧动画。具体的操作方法如下。

STEP 01　启动Premiere Pro 2024软件，按快捷键Ctrl+O，打开素材文件夹中的"缩放动画.prproj"项目文件。进入工作界面后，可以看到"时间轴"面板中已经添加好的素材，如图6-7所示。

图6-7

STEP 02　在"时间轴"面板中选择"汤.jpg"素材，进入"效果控件"面板，单击"缩放"属性前的"切换动画"按钮🕒，在当前时间点创建第一个关键帧，如图6-8所示。

图6-8

STEP 03 将当前时间设置为00:00:02:00，然后修改"缩放"参数为220，此时会自动创建出第二个关键帧，如图6-9所示。

图6-9

STEP 04 完成上述操作后，在"节目"监视器面板中可预览缩放动画效果，如图6-10所示。

图6-10

📖提示

在创建关键帧时，需要在同一个属性中至少添加两个关键帧才能产生动画效果。

6.2.3 单击"添加/移除关键帧"按钮添加关键帧

在"效果控件"面板中，单击"切换动画"按钮🔘为某一属性添加关键帧后（激活关键帧），属性右侧将出现"添加/移除关键帧"按钮🔘，如图6-11所示。

图6-11

当播放指示器处于关键帧位置时，"添加/移除关键帧"按钮为蓝色状态🔘，此时单击该按钮可以移除该位置的关键帧；当播放指示器所处位置没有关键帧时，"添加/移除关键帧"按钮为灰色状态🔘，此时单击该按钮可在当前时间点添加一个关键帧。

6.2.4 实例：在"节目"监视器面板中添加关键帧

在选中素材并在"效果控件"面板中激活关键帧后，即可选择在"节目"监视器面板中调整素材，从而创建之后的关键帧。下面介绍在"节目"监视器面板中添加关键帧的操作方法。

STEP 01 启动Premiere Pro 2024，按快捷键Ctrl+O，打开素材文件夹中的"关键帧.prproj"项目文件。进入工作界面后，可以看到"时间轴"面板中已经添加好的素材，如图6-12所示。

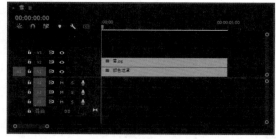

图6-12

STEP 02 在"时间轴"面板中选择"雪.jpg"素材，进入"效果控件"面板，在当前时间点（00:00:00:00）单击"缩放"属性前的"切换动画"按钮🔘，在当前时间点创建第一个关键帧，设置"缩放"值为50，如图6-13所示。当前图像效果如图6-14所示。

STEP 03 将当前时间设置为00:00:02:00，在"节目"监视器面板中双击"雪.jpg"素材，此时素材周围出现控制点，如图6-15所示。

图6-13

图6-14

图6-15

STEP 04 将光标放置在控制点,单击拖曳将图像放大,如图6-16所示。

图6-16

STEP 05 此时在"效果控件"面板中,当前所处的00:00:02:00位置会自动创建一个关键帧,如图6-17所示。

图6-17

STEP 06 完成上述操作后,在"节目"监视器面板中可预览最终的动画效果,如图6-18所示。

图6-18

6.2.5 实例:在"时间轴"面板中添加关键帧

在"时间轴"面板中添加关键帧,有助于用户更加直观地分析和调整变换参数。下面讲解在"时间轴"面板中添加关键帧的操作方法。

STEP 01 启动Premiere Pro 2024,按快捷键Ctrl+O,打开素材文件夹中的"在时间轴面板中添加关键帧.prproj"项目文件。进入工作界面后,可以看到"时间轴"面板中已经添加好的素材,如图6-19所示。

STEP 02 在"时间轴"面板的V1轨道的"石

川.jpg"素材前的空白位置双击，将素材展开，如图6-20所示。

图6-19

图6-20

STEP 03 右击V1轨道上的"石川.jpg"素材，在弹出的快捷菜单中选择"显示剪辑关键帧"→"不透明度"→"不透明度"选项，如图6-21所示。

图6-21

STEP 04 将时间指示器移至起始帧的位置，单击V2轨道前的"添加/移除关键帧"按钮，添加一个关键帧，如图6-22所示。

图6-22

STEP 05 将时间指示器移至00:00:02:00处，继续单击V2轨道前的"添加/移除关键帧"按钮 ◎，为素材添加第二个关键帧，如图6-23所示。

STEP 06 选择第一个关键帧，将该关键帧向下拖动（向下拖动"不透明度"值减小），如图6-24所示。

STEP 07 完成上述操作后，在"节目"监视器面板中可以看到图片从暗到亮的动画效果，如图6-25所示。

图6-23

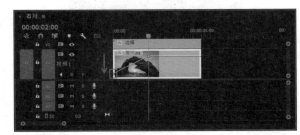

图6-24

图6-25

6.3 移动关键帧

　　移动关键帧所在的位置可以控制动画的节奏，例如两个关键帧隔得越远，最终动画所呈现的节奏就越慢；两个关键帧隔得越近，最终动画所呈现的节奏就越快。

　　在"效果控件"面板中，展开已经制作完成的关键帧效果，选择工具箱中的"移动工具"

，将光标放在需要移动的关键帧上方，按住鼠标左键左右移动，当移至合适的位置时，释放鼠标左键，即可完成移动操作，如图6-26所示。

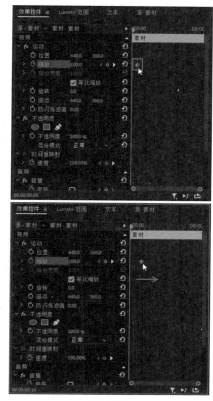

图6-26

选择工具箱中的"移动工具" ，按住鼠标左键将需要移动的关键帧框选，接着将选中的关键帧向左或向右进行拖曳，即可完成多个关键帧的移动操作，如图6-27所示。

当想要同时移动的关键帧不相邻时，选择工具箱中的"移动工具" ，按住Ctrl键或Shift键的同时，选中需要移动的关键帧进行拖曳即可，如图6-28所示。

图6-27

图6-27（续）

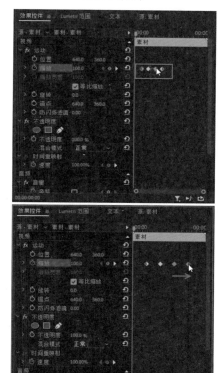

图6-28

提示

关键帧按钮为蓝色时，代表关键帧为选中状态。

6.4 删除关键帧

在实际操作中，有时会在素材中添加多余的关键帧，这些关键帧既无实质性用途，又会使动画变得复杂，此时需要将多余的关键帧进行删除处理。本节介绍删除关键帧的几种常用方法。

选择工具箱中的"移动工具" ，然后在"效果控件"面板中选择需要删除的关键帧，按Delete键即可将其删除，如图6-29所示。

图6-29

在"效果控件"面板中，将时间指示器拖至需要删除的关键帧上，此时单击已启用的"添加/移除关键帧"按钮 ，即可删除关键帧，如图6-30所示。

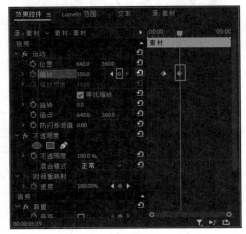

图6-30

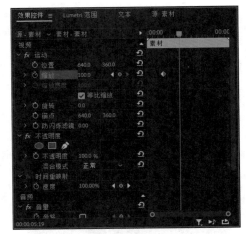

图6-30（续）

选择工具箱中的"移动工具" ，右击需要删除的关键帧，在弹出的快捷菜单中选择"清除"选项，即可删除所选关键帧，如图6-31所示。

图6-31

6.5　复制关键帧

在制作影片时，经常会遇到不同素材使用同一效果的情况，这就需要设置相同的关键帧。在Premiere Pro中，选中制作完成的关键帧动画，通过执行复制、粘贴命令，可以以更快捷的方式完成其他素材的效果制作。下面介绍几种复制关键帧的操作方法。

6.5.1　按 Alt 键复制

选择工具箱中的"移动工具" ，在"效果控件"面板中选择需要复制的关键帧，然后按住Alt键将其向左或向右拖曳进行复制，如图6-32所示。

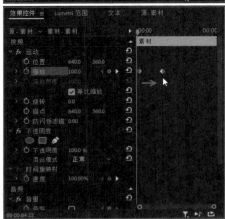

图6-32

6.5.2 在快捷菜单中复制

选择工具箱中的"移动工具" ，在"效果控件"面板中右击需要复制的关键帧，在弹出的快捷菜单中选择"复制"选项，如图6-33所示。

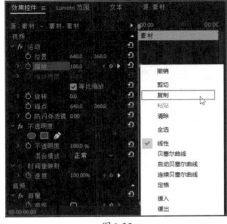

图6-33

将时间指示器移至合适位置并右击，在弹出的快捷菜单中选择"粘贴"选项，此时复制的关键帧会出现在播放指示器所处位置，如图6-34所示。

图6-34

6.5.3 使用快捷键复制

选择工具箱中的"移动工具" ，单击选中需要复制的关键帧，然后按快捷键Ctrl+C复制。接着将时间指示器移至相应位置，按快捷键Ctrl+V粘贴，如图6-35所示。该方法在制作剪辑效果时操作简单且节约时间，是一种比较常用的方法。

图6-35

6.5.4 实例：复制关键帧到其他素材

在Premiere Pro中，除了可以在同一个素材中复制和粘贴关键帧，还可以将关键帧动画复制到其他素材上。下面讲解复制关键帧到其他素材的具体操作方法。

STEP 01 启动Premiere Pro 2024，按快捷键Ctrl+O，打开素材文件夹中的"复制关键帧到其他素材.prproj"项目文件。进入工作界面后，可以看到"时间轴"面板中已经添加好的素材，如图6-36所示。

图6-36

STEP 02 将当前时间设置为00:00:00:00，在"时间轴"面板中选择"贺卡.jpg"素材，进入"效果控件"面板，单击"缩放"属性前的"切换动画"按钮◎，在当前时间点创建第一个关键帧，如图6-37所示。

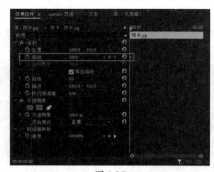

图6-37

STEP 03 将当前时间设置为00:00:02:20，然后设置"缩放"数值为0.0，系统将自动创建一个关键帧，如图6-38所示。

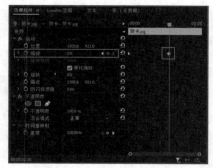

图6-38

STEP 04 在"效果控件"面板中，按住Ctrl键，然后分别单击两个"缩放"关键帧，将其同时选中，如图6-39所示，按快捷键Ctrl+C进行复制。

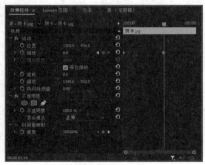

图6-39

STEP 05 在"时间轴"面板中选择"蛋糕.jpg"素材，并将时间指示器移至00:00:05:00处（时间指示器需要在"蛋糕.jpg"素材的前方），如图6-40所示。

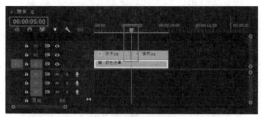

图6-40

STEP 06 在"效果控件"面板中选择"缩放"属性，按快捷键Ctrl+V粘贴关键帧，如图6-41所示。

图6-41

STEP 07 完成上述操作后，在"节目"监视器面板中可预览最终的动画效果，如图6-42所示。

图6-42

6.6 关键帧插值

插值是指在两个已知值之间填充未知数据的过程。在Premiere Pro中，关键帧插值可以控制关键帧的速度变化状态，主要分为"临时插值"和"空间插值"两种。一般情况下，系统默认使用"线性"插值，若想要更改插值类型，可右击关键帧，在弹出的快捷菜单中更改类型，如图6-43所示。

图6-43

6.6.1 临时插值

临时插值是控制关键帧在播放时的速度变化状态。临时插值快捷菜单如图6-44所示，下面对其中的各选项进行介绍。

图6-44

1.线性

"线性"插值可以创建关键帧之间的匀速变化。首先在"效果控件"面板中针对某一属性添加两个或两个以上的关键帧，然后右击添加的关键帧，在弹出的快捷菜单中执行"临时插值"→"线性"命令，拖动时间指示器，当时间指示器与关键帧位置重合时，该关键帧由灰色变为蓝色，此时的动画效果更为匀速平缓，如图6-45所示。

2.贝塞尔曲线

"贝塞尔曲线"插值可以在关键帧的任意一侧手动调整图表的形状和变化速率。在快捷菜单中执行"临时插值"→"贝塞尔曲线"命令时，拖动时间指示器，当时间指示器与关键帧位置重合时，该关键帧状态变为，并且可在"节目"监视器面板中通过拖动曲线控制柄来调节曲线两侧，从而改变动画的运动速度。在调节过程中，单独调节其中一个控制柄，同时另一个控制柄不发生变化，如图6-46所示。

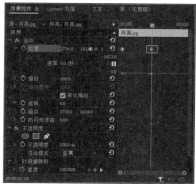

图6-45

图6-46

3. 自动贝塞尔曲线

"自动贝塞尔曲线"插值可以调整关键帧的平滑变化速率。执行"临时插值"→"自动贝塞尔曲线"命令时，拖动时间指示器，当时间指示器与关键帧位置重合时，该关键帧样式为 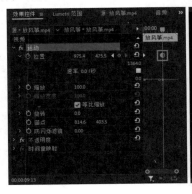。在曲线节点的两侧会出现两个没有控制柄的控制点，拖动控制点可将自动曲线转换为弯曲的贝塞尔曲线状态，如图6-47所示。

图6-47

4. 连续贝塞尔曲线

"连续贝塞尔曲线"插值可以创建通过关键帧的平滑变化速率。执行"临时插值"→"连续贝塞尔曲线"命令，拖动时间指示器，当时间指示器与关键帧位置重合时，该关键帧样式为 。双击"节目"监视器面板中的画面，此时会出现两个控制柄，通过拖动控制柄来改变两侧的曲线弯曲程度，从而改变动画效果，如图6-48所示。

图6-48

5. 定格

"定格"插值可以更改属性值且不产生渐变过渡。执行"临时插值"→"定格"命令时，拖动时间指示器，当时间指示器与关键帧位置重合时，该关键帧样式为 ，两个速率曲线节点将根据节点的运动状态自动调节速率曲线的弯曲程度。当动画播放到该关键帧时，将出现保持前一关键帧画面的效果，如图6-49所示。

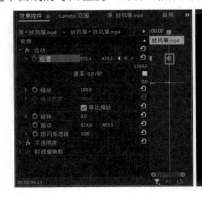

图6-49

6. 缓入

"缓入"插值可以减慢进入关键帧的值变化。执行"临时插值"→"缓入"命令时，拖动时间指示器，当时间指示器与关键帧位置重合时，该关键帧样式变为 █ 。速率曲线节点前面将变成缓入的曲线效果。当拖动时间指示器播放动画时，动画在进入该关键帧时速度逐渐减缓，消除因速度波动大而产生的画面不稳定感，如图6-50所示。

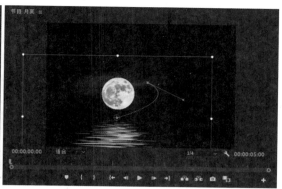

图6-50

7. 缓出

"缓出"插值可以逐渐加快离开关键帧的值变化。执行"临时插值"→"缓出"命令时，拖动时间指示器，当时间指示器与关键帧位置重合时，该关键帧样式为 █ 。速率曲线节点后面将变成缓出的曲线效果。当播放动画时，可以使动画在离开该关键帧时速率减缓，同样可消除因速度波动大而产生的画面不稳定感，与缓入是相同的道理，如图6-51所示。

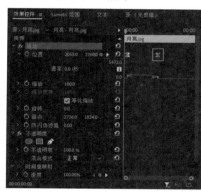

图6-51

6.6.2 空间插值

"空间插值"可以设置关键帧的过渡效果，如转折强烈的线性方式、过渡柔和的贝塞尔曲线方式等，如图6-52所示。下面对快捷菜单中的各选项进行介绍。

线性
贝塞尔曲线
✓ 自动贝塞尔曲线
连续贝塞尔曲线

图6-52

1. 线性

在执行"空间插值"→"线性"命令时，关键帧两侧线段为直线，角度转折较明显，如图6-53所示。播放动画时会产生位置突变的效果。

图6-53

2. 贝塞尔曲线

在执行"空间插值"→"贝塞尔曲线"命令

时，可在"节目"监视器面板中手动调节控制点两侧的控制柄，通过控制柄来调节曲线形状和画面的动画效果，如图6-54所示。

图6-54

3. 自动贝塞尔曲线

执行"空间插值"→"自动贝塞尔曲线"命令时，更改自动贝塞尔关键帧数值时，控制点两侧的手柄位置会自动更改，以保持关键帧之间的平滑速率。如果手动调整自动贝塞尔曲线的方向手柄，则可以将其转换为连续贝塞尔曲线的关键帧，如图6-55所示。

图6-55

4. 连续贝塞尔曲线

在执行"空间插值"→"连续贝塞尔曲线"命令时，也可以手动设置控制点两侧的控制柄来调整曲线方向，与"自动贝塞尔曲线"操作相同，如图6-56所示。

图6-56

6.7 综合实例：制作色彩渐变效果

本案例将详细讲解通过添加"裁剪"关键帧，制作色彩渐变动画的具体操作方法，案例效果如图6-57所示。

图6-57

STEP 01 启动Premiere Pro 2024软件，执行"文件"→"打开项目"命令（快捷键Ctrl＋O），打开素材文件夹中的"色彩渐变效果.prproj"项目文件。

STEP 02 进入工作界面后，可以看到"时间轴"面板中已经添加完成的素材，如图6-58所示。

STEP 03 在"项目"面板下方单击"新建项目"按钮 ，执行"调整图层"命令，将新建的"调整图层"文件拖至V2轨道上，使其与下方"树.mp4"素材的长度保持一致，如图6-59所示。

图6-58

图6-59

STEP 04 在"效果"面板中搜索"通道混合器"，并将其拖至"调整图层"上，在"效果控件"面板中设置"红色-红色"参数为0、"红色-绿色"参数为150、"红色-蓝色"参数为-50，如图6-60所示。

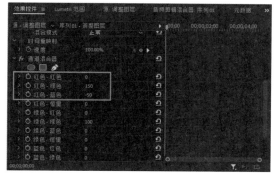

图6-60

STEP 05 选中V1轨道的"树.mp4"素材，按住Alt键，向上复制一层到V3轨道，如图6-61所示。

图6-61

STEP 06 在"效果"面板中搜索"裁剪"，并将其拖至V3轨道"树.mp4"素材上，在"效果控件"面板中单击"左侧"前的"切换动画"按钮，生成关键帧，如图6-62所示。

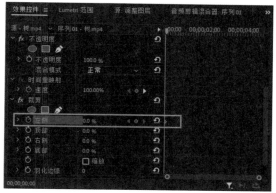

图6-62

STEP 07 将时间指示器移至00:00:04:29处，设置"左侧"参数为100.0%，如图6-63所示。

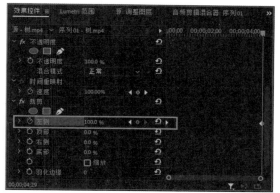

图6-63

6.8 本章小结

本章介绍了关键帧的相关理论，以及关键帧动画的创建、编辑等操作，如创建关键帧、移动关键帧、删除关键帧、复制和粘贴关键帧等。在Premiere Pro 2024中，素材可设置的基本运动参数项主要有5种，分别是位置、缩放、旋转、锚点和防闪烁滤镜。此外，用户也可以为添加到素材中的各类特殊效果属性设置关键帧，创建更多丰富且细腻的动画效果。

第7章
视频叠加与抠像

抠像作为一种实用且有效的特效手段，被广泛地运用在影视处理的诸多领域。通过抠像，可以使多种图像或视频素材产生完美的画面合成效果。叠加则是将多个素材混合在一起，从而产生各种特殊效果，两者有着必然的联系，因此本章将叠加与抠像技术放在一起来进行学习。

本章重点

◎ 叠加与抠像效果的具体应用　　　　　◎ 画面亮度抠像

◎ 通过素材色度进行抠像

本章的效果如图7-1所示。

图7-1

7.1　叠加与抠像概述

抠像是运用虚拟的方式，将背景进行特殊透明叠加处理的一种技术，抠像又是影视合成中常用的去背景方法，通过去除指定区域的颜色使其透明化，实现和其他素材的合成效果。叠加方式与抠像技术是紧密相连的，在Premiere Pro 2024中，叠加类特效主要用于抠像处理，以及对素材进行动态跟踪和叠加各种不同的素材，是影视编辑与制作中常用的视频特效。

7.1.1　叠加

在处理和编辑视频时，有时需要让两个或多个画面同时出现，此时就可以使用叠加技术。在"效果"面板的"键控"文件夹中提供了多种特效，可以轻松实现素材的叠加效果，如图7-2所示。

图7-2

7.1.2　抠像

说到抠像，大家就会想起Photoshop，其实Photoshop的抠像技术主要是针对静态的图像。对于视频素材来说，如果要求不是非常精细，Premiere Pro也能满足大部分用户的需求。在Premiere Pro中，抠像主要是将不同的对象合成到一个场景中，可以对动态的视频进行抠像处理，也可以对静止的图片素材进行抠像处理，如图7-3所示。

图7-3

※ 提示

在进行抠像和叠加合成处理时，需要在抠像层和背景层（两个轨道）中放置素材，并且抠像层要放在背景层的上面。当对上层的轨道中的素材进行抠像后，下层的背景才会显示出来。

7.2 叠加与抠像效果的应用

选择抠像素材，在"效果"面板的"键控"文件夹中可以为其选择不同的抠像效果，如图7-4所示。本节将详细介绍叠加与抠像的具体应用方法。

图7-4

7.2.1 显示键控效果

在Premiere Pro 2024中，显示键控特效的操作很简单：打开项目，执行"窗口"→"效果"命令，如图7-5所示，弹出"效果"面板。在"效果"面板中单击"视频效果"文件夹前的展开按钮▶，再展开"键控"文件夹，即可显示键控效果。

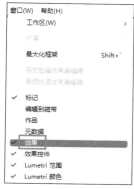

图7-5

7.2.2 实例：应用键控特效

在Premiere Pro 2024中，不仅可以将键控效果添加到轨道素材上，还可以在"时间轴"面板或者"效果控件"面板中为键控效果添加关键帧，具体的操作方法如下。

STEP 01 启动Premiere Pro 2024软件，按快捷键Ctrl+O，打开素材文件夹中的"键控效果应用.prproj"项目文件。进入工作界面后，可以看到"时间轴"面板中已经添加好的素材，如图7-6所示。在"节目"监视器面板中可以预览当前素材效果，如图7-7所示。

图7-6

图7-7

STEP 02 在"效果"面板中，展开"视频效果"→"键控"文件夹，在其中选择"Alpha调整"效果，将其添加至"时间轴"面板中的"1.psd"素材中，如图7-8所示。

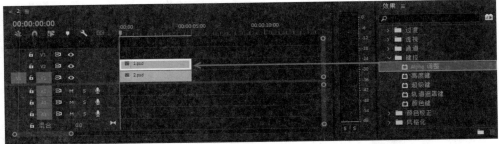

图7-8

STEP 03 将当前时间设置为00:00:00:00，在"效果控件"面板中，单击"Alpha调整"效果中"不透明度"参数前的"切换动画"按钮🔘，在当前时间点创建第一个关键帧，如图7-9所示。

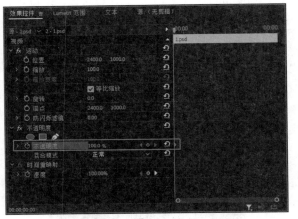

图7-9

STEP 04 将当前时间设置为00:00:02:00，然后修改"不透明度"参数为0.0%，自动创建一个关键帧，如图7-10所示。

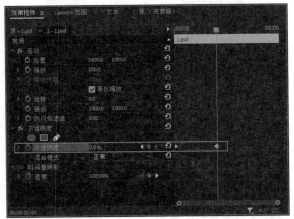

图7-10

STEP 05 完成上述操作后，在"节目"监视器面板中可预览应用键控特效后的画面效果，如图7-11所示。

图7-11

7.3 叠加与抠像效果调整

下面详细介绍Premiere Pro 2024中的各类叠加和抠像效果的调整方法。

7.3.1 Alpha调整

"Alpha调整"效果可以为包含Alpha通道的图像创建透明区域，效果如图7-12所示。

Alpha通道是指图像的透明和半透明度区域。Premiere Pro 2024能够读取来自Photoshop和3D图形软件等制作的Alpha通道，还能够将Illustrator文件中的不透明区域转换成Alpha通道。下面简单介绍"Alpha调整"效果的各项属性参数，如图7-13所示。

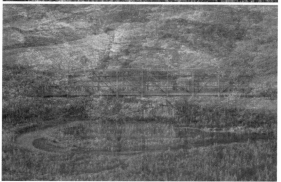

图7-12

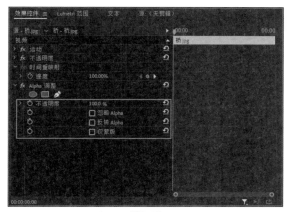

图7-13

- 不透明度：数值越小，图像越透明。
- 忽略Alpha：勾选该复选框后，软件会忽略 Alpha通道。
- 反转Alpha：勾选该复选框后，Alpha通道会 进行反转。
- 仅蒙版：勾选该复选框，将只显示Alpha通 道的蒙版，而不显示其中的图像。

7.3.2 亮度键

使用"亮度键"效果可以去除素材中较暗的 图像区域，通过调整"阈值"和"屏蔽度"参数， 可以微调效果。"亮度键"效果应用前后的对比如 图7-14所示。

图7-14

在添加了"亮度键"效果后，可在"效果 控件"面板中对其相关参数进行调整，如图7-15 所示。

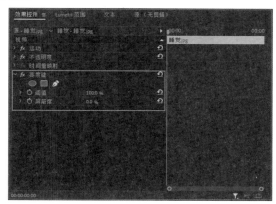

图7-15

"亮度键"的参数介绍如下。

- 阈值：增大数值时，可增加被去除的暗色值 范围。
- 屏蔽度：用于设置素材的屏蔽程度，数值越 大，图像越透明。

7.3.3 超级键

"超级键"又称为"极致键"，该效果可以 使用指定颜色或相似颜色，调整图像的容差值来显 示图像透明度，也可以使用它来修改图像的色彩显 示。"超级键"效果应用前后对比如图7-16所示。

图7-16

在添加了"超级键"效果后，可在"效果控件"面板中对其相关参数进行调整，如图7-17所示。

图7-17

"超级键"的部分参数介绍如下。

- 主要颜色：用于吸取需要被键出的颜色。
- 遮罩生成：展开该属性栏，可以自行设置遮罩层的各类属性。

7.3.4 轨道遮罩键

"轨道遮罩键"效果可以创建移动或滑动蒙版效果。通常，蒙版是一个黑白图像，能在屏幕上移动，与蒙版上黑色相对应的图像区域为透明区域，与白色相对应的图像区域为不透明区域，灰色区域为混合效果，呈半透明效果。

在添加了"轨道遮罩键"效果后，可以在"效

果控件"面板中对其相关参数进行调整，如图7-18所示。

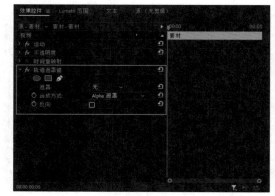

图7-18

"轨道遮罩键"的参数介绍如下。

- 遮罩：在右侧的下拉列表中，可以为素材指定一个遮罩。
- 合成方式：用来指定应用遮罩的方式，在右侧的下拉列表中可以选择"Alpha遮罩"和"亮度遮罩"选项。
- 反向：勾选该复选框，可以使遮罩的颜色翻转。

7.3.5 颜色键

"颜色键"效果可以去掉素材图像中指定颜色的像素，该效果只会影响素材的Alpha通道，其应用前后效果如图7-19所示。

图7-19

在添加了"颜色键"效果后，可以在"效果控件"面板中对其相关参数进行调整，如图7-20所示。

图7-20

"颜色键"的参数介绍如下。

● 主要颜色：用于吸取需要被键出的颜色。
● 颜色容差：用于设置素材的容差度，容差度越大，被键出的颜色区域越透明。
● 边缘细化：用于设置键出边缘的细化程度，数值越小，边缘越粗糙。
● 羽化边缘：用于设置键出边缘的柔化程度，数值越大，边缘越柔和。

7.3.6 实例：画面亮度抠像

本节将通过实例的形式，讲解如何使用Premiere Pro中的"亮度键"功能进行抠像。

STEP 01 启动Premiere Pro 2024，按快捷键Ctrl+O，打开素材文件夹中的"亮度键抠像.prproj"项目文件。

STEP 02 进入工作界面，将"项目"面板中的"圣诞节背景素材.jpg"添加至V1视频轨道中。将"项目"面板中的"圣诞树.jpg"素材添加至V2轨道，如图7-21所示。

图7-21

> 🔖 提示
>
> 这里素材的默认持续时间为5s。

STEP 03 在"效果"面板中找到"视频效果"→"键控"→"亮度键"效果，将其拖至"时间轴"面板中的"圣诞树.jpg"素材上，如图7-22所示。

图7-22

STEP 04 在"时间轴"面板中选择"圣诞树.jpg"素材，在"效果控件"面板中展开"亮度键"效果栏，在00:00:00:00处，单击"阈值"属性前的"切换动画"按钮🕐，在当前时间点创建第一个关键帧，并将"阈值"参数设置为100%；将当前时间设置为00:00:01:00，修改"阈值"为40%，创建第二个关键帧；将当前时间设置为00:00:02:00，修改"阈值"为100%，创建第三个关键帧；将当前时间设置为00:00:03:00，修改"阈值"为60%，创建第四个关键帧；将当前时间设置为00:00:04:00，修改"阈值"为100%，创建第五个关键帧；将当前时间设置为00:00:04:24，修改"阈值"为50%，创建第6个关键帧，如图7-23所示。

图7-23

STEP 05 选中刚刚创建的六个关键帧，右击，在弹出快捷菜单中选择"贝塞尔曲线"选项，改变关键帧的状态，使运动效果更平滑，如图7-24所示。

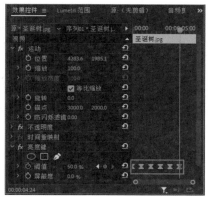

图7-24

STEP 06 完成上述操作后，在"节目"监视器面板中可预览最终效果，如图7-25所示。

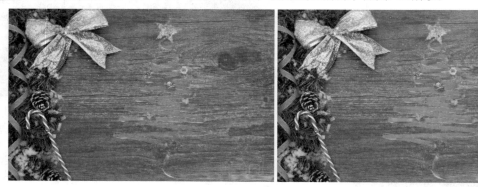

图7-25

7.4 综合实例：VLOG 拼贴动画片头

下面将制作唯美VLOG案例，为大家演示通过素材的色度来进行抠像操作。

7.4.1 制作定格画面

本节使用"颜色键"对素材进行抠像，使用"油漆桶"效果对素材进行描边，将人物从背景中分离，以突出人物形象，效果如图7-26所示。

图7-26

STEP 01 启动Premiere Pro 2024，按快捷键Ctrl+O，打开素材文件夹中的"拼贴动画片头.prproj"项目文件。进入工作界面后，将"项目"面板中的"吹花.mp4"素材添加至V1轨道，将"音乐.wav"素材添加至A1轨道，如图7-27所示。

STEP 02 在"时间轴"面板中，选中"吹花.mp4"素材并右击，在弹出的快捷菜单中选择"速度/持续时间"选项，打开"剪辑速度/持续时间"对话框，设置"速度"为300%，单击"确定"按钮，如图7-28所示。

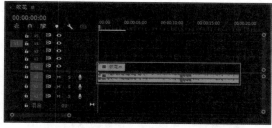

图7-27   图7-28

STEP 03 在"时间轴"面板中将时间指示器移至00:00:03:17处，选中"吹花.mp4"素材并右击，在弹出的快捷菜单中选择"添加帧定格"选项，如图7-29所示，执行操作后，"时间轴"面板中将出现一段定格素材，选择定格素材将其拖至V2轨道上，并拖曳其尾端延长至00:00:08:12处，如图7-30所示。

图7-29

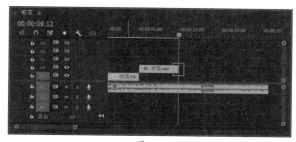
图7-30

STEP 04 在"效果"面板中添加"视频效果"→"键控"效果,选择"颜色键"特效,并将其拖至V2轨道"吹花.mp4"素材上,如图7-31所示。

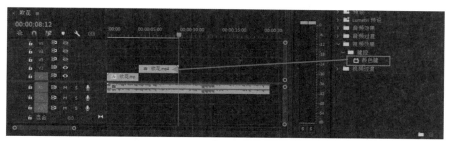
图7-31

STEP 05 在"效果控件"面板中展开"颜色键"参数,选择"主要颜色"的吸管工具 ,吸取"节目"监视器面板中的背景颜色,再设置"颜色容差"为32、"边缘细化"为-5、"羽化边缘"为4.9,如图7-32所示。

图7-32

STEP 06 这时人物抠像并不干净,再添加一个"颜色键"特效,设置"颜色容差"为27、"边缘细化"为-3,然后继续添加"颜色键",直至人物边缘清晰,且人物画面没有缺失即可,如图7-33所示。

图7-33

STEP 07 在"效果"面板中,添加"视频效果"→"过时"效果,选择"油漆桶"特效,并将其拖至V2轨道"吹花.mp4"素材上,如图7-34所示。

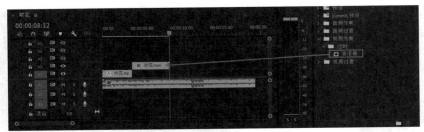

图7-34

STEP 08 在"效果控件"面板中展开"油漆桶"参数，在"填充选择器"下拉列表中选择"Alpha通道"选项，在"描边"下拉列表中选择"描边"选项，如图7-35所示。

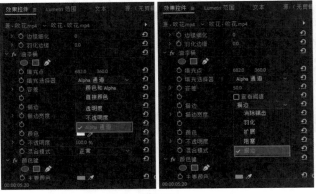

图7-35

STEP 09 设置"描边宽度"为5.7，单击"颜色"颜色框，在弹出的"拾色器"中选取白色，单击"确定"按钮，如图7-36所示。

图7-36

STEP 10 将"项目"面板中的"爱心.mp4"素材添加至V3视频轨道的00:00:10:14处，在"时间轴"面板中的00:00:11:16位置处制作"爱心.mp4"定格画面，制作好定格画面后删除视频画面，并将定格画面的末端延长至00:00:19:09，再添加"颜色键"与"油漆桶"特效，如图7-37所示。

图7-37

STEP 11 重复上一步的步骤，将"爱心.mp4"素材拖动到V4视频轨道的00:00:10:14处，在00:00:16:08处制作新的定格画面，将定格动画的时长延长到和上步一致后，同样添加特效，如图7-38所示。

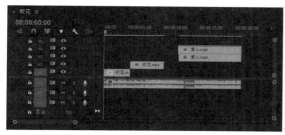

图7-38

7.4.2 制作人物的动画效果

本节制作人物的动画效果，如图7-39所示。

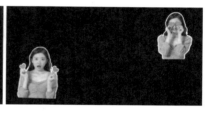

图7-39

STEP 01 将时间指示器移至00:00:10:14处，单击V3轨道上的"爱心.mp4"素材，在"效果控件"面板中展开"运动"参数，将"位置"参数X轴改成223.2、Y轴改成508.7，下方的"缩放"参数改成40.6，将"旋转"改成11.0°，然后单击"缩放"与"旋转"属性前的"切换动画"按钮◎，在当前时间点创建第一个关键帧。再将时间指示器移动至00:00:11:09处，设置"旋转"数值为-14.0°，随着数值变化会自动添加第二个关键帧，如图7-40所示。

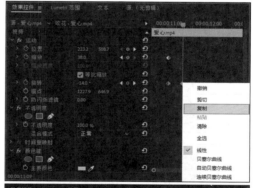

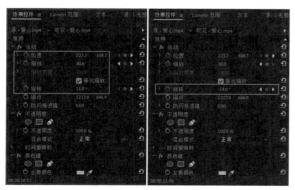

图7-40

STEP 02 在"效果控件"面板框选两个关键帧并右击，在弹出的快捷菜单中选择"复制"选项，将时间指示器移至00:00:11:18处，按快捷键Ctrl+V，重复以上操作，使素材进行匀速持续的旋转运动，如图7-41所示。

图7-41

STEP 03 使用同样的方法为"爱心.mp4"素材制作匀速持续旋转运动。再为两个素材制作进入画面与退出画面的动画。在"爱心.mp4"素材的起始时间点单击"缩放"属性前的"切换动画"按钮◎，创建第一个关键帧，将"缩放"参数调整为0，然后将时间指示器移至00:00:10:22处，将"缩放"参数调整为38，添加第二个关键帧，再将时间指示器移至00:00:11:00处，将"缩放"参数调整为36，添加第三个关键帧，以上操作两个"爱心.mp4"素材都要进行，如图7-42所示。

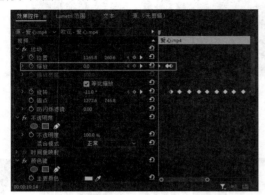

图7-42

STEP 04 制作素材的退出动画，将时间指示器移至00:00:16:21处，在两个素材的"效果控件"面板中，单击"位置"属性前的"切换动画"按钮◎，在当前时间点创建第一个关键帧，然后将时间指示器移至00:00:16:21处，将"位置"参数的Y轴数值进行调整，创建第二个关键帧，如图7-43所示，使"节目"监视器面板上的素材向上/向下退出画面。

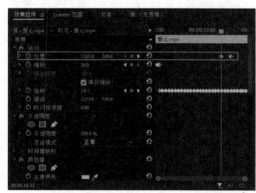

图7-43

STEP 05 将"元素1.png"与"元素2.png"素材从"项目"面板分别拖入"时间轴"面板的V3与V4轨道上，素材长度与"吹花.mp4"素材一致，如图7-44所示。

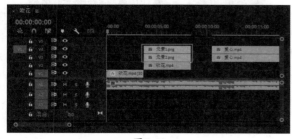

图7-44

STEP 06 在"元素1.png"素材的"效果控件"面板上将"运动"中的"位置"的X轴参数调整为1134.0、Y轴调整为165.0、"缩放"调整为12.0、"旋转"调整为-17.0°，然后单击"旋转"属性前的"切换动画"按钮◎，在当前时间点创建第一个关键帧。再将播放指示器移至00:00:05:14位置处，添加第二个关键帧，设置"旋转"数值为-17，然后按照上一步的方式，将"元素1.png"素材的旋转运动变为匀速持续旋转运动，如图7-45所示。

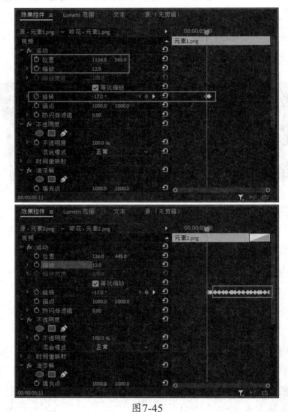

图7-45

STEP 07 将上一步骤的内容套用到"元素2.png"素材中，如图7-46所示。

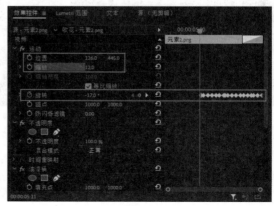

图7-46

图7-46（续）

7.4.3 添加背景和文字

添加纯色与唯美背景的效果如图7-47所示。

图7-47

STEP 01 在"项目"面板空白处右击，在弹出的快捷菜单中选择"新建项目"中的"颜色遮罩"选项，创建一个颜色与"吹花.mp4"素材底色差不多的遮罩，将其作为"吹花.mp4"素材定格画面的背景。将颜色遮罩从"项目"面板拖至"时间轴"面板的V1轨道上，并调整成与"吹花.mp4"素材一致的时间长度，如图7-48所示。

STEP 02 创建一个随机的"颜色遮罩"将其作为

"爱心.mp4"素材的背景，放置在00:00:13:08的位置，末尾与本片末尾一致，再将"背景.mp4"素材拖至"时间轴"面板V1轨道上，起始链接"颜色遮罩"的末尾处，末尾与片尾对齐，如图7-49所示。

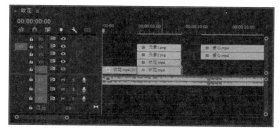

图7-48

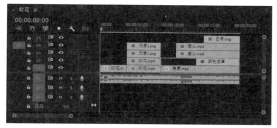

图7-49

STEP 03 添加标题文字，增强画面感，效果如图7-50所示。

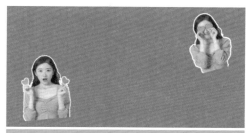

图7-50

7.5 本章小结

本章主要学习叠加与抠像效果的应用原理及技巧。Premiere Pro 2024为用户提供了5种抠像效果，分别是Alpha调整、亮度键、超级键、轨道遮罩键和颜色键，熟练掌握这些抠像效果的运用及效果调整，可以帮助大家在日常项目制作中，轻松应对各类素材的抠像处理操作。

第8章
视频素材颜色的校正与调整

画面的颜色与校正，通俗地讲就是"调色"，调色是后期处理的重要组成部分。通过调色，不仅能使画面中的元素变得更漂亮，更重要的是通过色彩的调整能使元素融合到画面中，从而使元素不再显得突兀，画面整体氛围更加统一。

本章重点

◎ 设置图像控制类效果　　　　　　　◎ 设置颜色校正效果

本章的效果如图8-1所示。

图8-1

8.1　Premiere Pro 视频调色工具

在Premiere Pro 2024界面右上角单击"工作区"按钮，在下拉列表中选择"颜色"选项，以显示各类调色面板与工具，方便进行调色工作，如图8-2所示。

8.1.1　"Lumetri 颜色"面板

"Lumetri颜色"面板是Premiere Pro的调色工具，其中包含"基本校正""创意""曲线""色轮和匹配""HSL辅助""晕影"六部分，如图8-3所示。

图8-2　　　　　　　　　　图8-3

8.1.2　Lumetri 范围

"Lumetri范围"面板能显示素材的颜色范围，右击面板，在弹出的快捷菜单中选择显示的Lumetri范围。"波形（RGB）"模式下的颜色情况如图8-4所示。

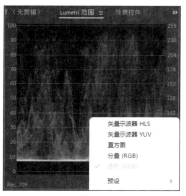

图8-4

Lumetri范围重要选项介绍如下。

- 矢量示波器YUV：以圆形的方式显示视频的色度信息，如图8-5所示。

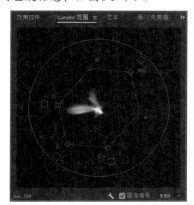

图8-5

- 直方图：显示每个颜色的强度级别上像素的密集程度，有利于评估阴影、中间调和高光，从而整体调整图像的色调，如图8-6所示。

图8-6

- 分量（RGB）：显示数字视频信号中的明亮度和色差通道级别的波形。可在"分量类型"中选择RGB、YUV、RGB白色、YUV白色等选项，如图8-7所示。

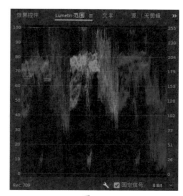

图8-7

8.1.3 基本校正

"Lumetri范围"面板的"基本校正"下的参数可以调整视频素材的色相（颜色和色度）和明亮度（曝光度和对比度），从而修正过暗或过亮的素材。

1. 输入LUT

LUT调色预设和平时使用的滤镜相似，但运作原理不同，LUT本质上是一种函数，每个像素的色彩信息经过LUT的重新定位后，就能得到一个新的色彩值。使用LUT预设作为起点对素材进行分类，后续还可以使用其他颜色控件进一步分级。打开"输入LUT"下拉列表可以选择LUT预设选项，如图8-8所示。

图8-8

2. 白平衡

通过"色温""色彩"和"白平衡选择器"控件可以调整白平衡，从而改进素材的环境色。

"白平衡"属性的主要参数介绍如下。

- 白平衡选择器：选择"吸管工具"，单击画面中本身应该为白色的区域，从而自动白平衡，使画面呈现正确的白平衡关系，如图8-9所示。

图8-9

图8-9（续）

- 色温：将该滑块向左（负值）拖曳，可以使素材画面偏冷，向右（正值）拖曳则可以使素材画面偏暖，如图8-10所示。

图8-10

- 色彩：将该滑块向左（负值）拖曳，可以为素材画面添加绿色；向右（正值）拖曳则可以为素材画面添加洋红色，如图8-11所示。

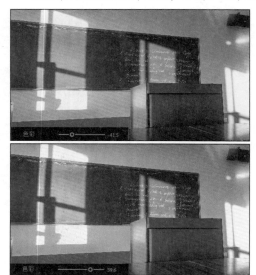

图8-11

3. 色调

"色调"属性中的参数用于调整素材画面的大体色彩倾向，如图8-12所示。

调整前效果

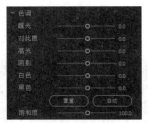

图8-12

"色调"属性的主要参数介绍如下。

- 曝光：将该滑块向右（正值）拖曳，可以增加亮度并扩展高光；向左（负值）拖曳可以降低亮度并扩展阴影，如图8-13所示。

图8-13

- 对比度：将该滑块向右（正值）拖曳，可以使中间调到暗区变得更暗；向左（负值）拖曳则可以使中间调到亮区变得更亮，如图8-14所示。
- 高光：将该滑块向左（负值）拖曳，可以使高光变暗；向右（正值）拖曳，则可以在最小化修剪的同时使高光变亮，如图8-15所示。

图8-14

图8-15

- 阴影：将该滑块向左（负值）拖曳，可以使阴影变暗并降低阴影细节；向右（正值）拖曳，则可以使阴影变亮并恢复阴影细节，如图8-16所示。
- 白色：将该滑块向左（负值）拖曳，可以减少高光；向右（正值）拖曳，可以增加高光，如图8-17所示。

图8-16

图8-16（续）

图8-17

- 黑色：将该滑块向左（负值）拖曳，可以增加黑色范围，使阴影更偏向于纯黑；向右（正值）拖曳，可以减小黑色范围，如图8-18所示。

图8-18

- 重置：单击该按钮，可以使所有参数还原为初始值，如图8-19所示。

图8-19

- 自动：单击该按钮，可以自动设置素材图像
  为最大化色调等级，即最小化高光和阴影，
  如图8-20所示。

图8-20

4. 饱和度

通过调整"饱和度"值，可以均匀调整素材图像中所有颜色的饱和度。向左（0～100）拖曳该滑块，可以降低整体的饱和度；向右（100～200）拖曳该滑块，则可以提高整体的饱和度，如图8-21所示。

图8-21

8.1.4 创意

"创意"选项可以进一步拓展调色功能，如

图8-22所示。另外，还可以使用Look预设对素材图像进行快速调色。

图8-22

1. Look

用户可以快速调用Look预设，如图8-23所示，其效果类似添加"滤镜"后的效果。单击Look预览窗口的左、右箭头可以快速切换Look预设进行效果预览，如图8-24所示。

图8-23

图8-24

单击预览窗口中的Look预设名称可以加载Look预设，如图8-25所示，调整"强度"值只在加载Look预设后才有效果，针对Look预设的整体影响程度进行调整，如图8-26所示。

图8-25

图8-26

2. 调整

进入"调整"选项卡标签，显示参数如图8-27所示。

图8-27

"调整"中的主要参数介绍如下。

- 淡化胶片：使素材图像呈现淡化的效果，可调整出怀旧的风格，如图8-28所示。

图8-28

- 锐化：调整素材图像边缘清晰度，向左（负值）拖曳滑块可以降低素材图像边缘的清晰度；向右（正值）拖曳滑块可以提高素材图像边缘的清晰度，如图8-29所示。

图8-29

8.1.5 实例：使用 LUT 为照片调色

使用LUT调色的效果如图8-30所示，具体操作步骤如下。

图8-30

STEP 01 启动Premiere Pro 2024，按快捷键Ctrl+O，打开素材文件夹中的"照片调色.prproj"项目文件。进入工作界面后，可以看到"时间轴"面板中已经添加好的素材，进入"基本校正"选项组，如图8-31所示。

图8-31

STEP 02 打开"输入LUT"下拉列表，可以自由选择Premiere Pro自带的LUT预设选项，也可以从计算机中导入预设，这里选择"ARRL_Universal_DCL"选项，如图8-32所示。

图8-32

8.1.6 曲线

"曲线"功能用于对视频素材进行颜色调整，包含许多更高级的控件，可以对图像的亮度以及红、绿、蓝色的像素进行调整，如图8-33所示。

除了"RGB曲线"控件，还包括"色相饱和度曲线"功能，可以精确控制颜色的饱和度，同时不会产生太大的色彩偏差，如图8-34所示。

> 🎁 技巧提示
>
> 双击空白区域可以重置"Lumetri颜色"面板中的大部分控件参数。

图8-33

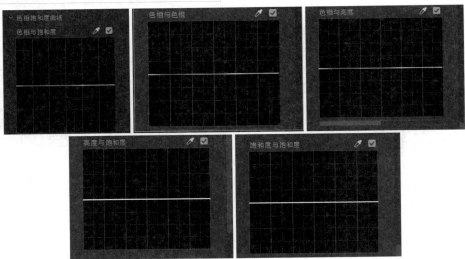

图8-34

8.1.7 实例：用曲线工具调色

用"曲线"工具调色的效果如图8-35所示，具体操作方法如下。

图8-35

STEP 01 启动Premiere Pro 2024，按快捷键Ctrl+O，打开素材文件夹中的"曲线工具调色.prproj"项目文件。进入工作界面后，可以看到"时间轴"面板中已经添加好的素材，如图8-36所示。

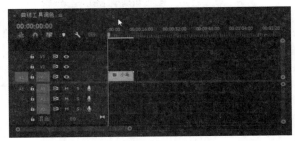

图8-36

STEP 02 切换至"颜色"选项组，展开"曲线"控件，观察视频素材，此时会发现画面整体亮度偏低。在"RGB曲线"中单击白色曲线中间的点并向上拖曳，同时观察"节目"监视器面板中的画面，调整到最佳亮度，如图8-37所示。

STEP 03 为了调节花朵的鲜艳度，切换至红色曲线，单击红色曲线中间的点并向上拖曳，同时观察"节目"监视器面板中的画面，适当增加画面的红色，如图8-38所示。

图8-37

图8-38

STEP 04 提高小鸟羽毛颜色的饱和度，使画面更加生动。在"色相与饱和度曲线"属性下单击"色相（与饱和度）选择器"按钮，在"节目"监视器面板单击画面中的小鸟，在"色相与饱和度"控件中会自动创建三个可以移动的锚点，如图8-39所示。

STEP 05 单击并拖曳中间的锚点，提高小鸟颜色的饱和度，如图8-40所示。

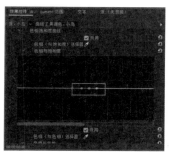

图8-39

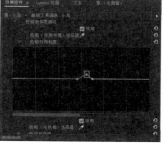

图8-40

8.1.8 快速颜色校正器/RGB颜色校正器

下面介绍颜色校正的两种的工具，分别是快速颜色校正器和RGB颜色校正器（包含RGB曲线）。

1.快速颜色校正器

执行"窗口"→"效果"命令，弹出"效果"面板，如图8-41所示。

在"效果"面板中找到"过时"→"快速颜色校正器"效果，将其拖至素材上，如图8-42所示。

在"效果控件"面板中找到"快速颜色校正器"属性，如图8-43所示。

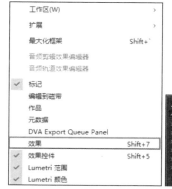

图8-41

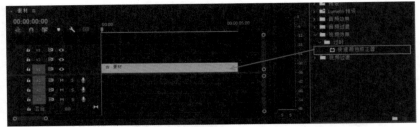

图8-42

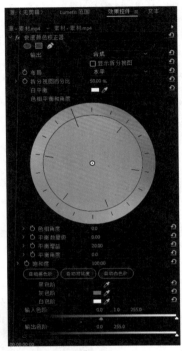

图8-43

"快速颜色校正器"属性中的主要参数介绍如下。

- 白平衡：使用"吸管工具" ✎调节白平衡，按住Ctrl键单击可以选取5×5像素范围内的平均颜色。
- 色相角度：可以拖曳色环外圈改变图像色相，也可以单击蓝色的数字修改数值，还可将光标悬停至蓝色数字附近，待出现箭头时，按住鼠标左键并左、右拖曳调整数值。
- 平衡数量级：将色环中心处的圆圈拖曳至色环上的某一颜色区域，即可改变图像的色相和色调。
- 平衡增益：可以控制平衡数量级。将黄色方块向色环外圈拖曳，可以提高平衡数量级的强度。越靠近色环外圈，效果越明显。
- 平衡角度：将色环划分为若干份，如图8-44所示。

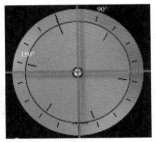

图8-44

- 饱和度：色彩的鲜艳程度。饱和度的值为0时，图像为灰色。
- 输入色阶/输出色阶：控制输入/输出的范围。输入色阶是图像原本的亮度范围。将左侧的"黑场"滑块▪向右移动，则阴影部分压暗；将右侧的"白场"滑块▴向左移动则高光部分提亮；中间的滑块▪则可对中间调进行调整。输入色阶与输出色阶的极值是相对应的。在输出色阶中，由于计算机屏幕上显示的是RGB图像，所以数值为0～255。若输出的为YUV图像，则数值为16～235。

2. RGB颜色校正器

使用"RGB颜色校正器"时，要注意以下三个参数，如图8-45所示。三个参数的含义如下。

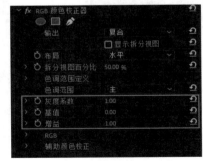

图8-45

- 灰度系数：即图像灰度。灰度系数越大，则图像黑白差别越小，对比度越低，图像呈现灰色；灰度系数越小，则图像黑白差别越大，对比度越高，图像明暗对比强烈。

Premiere Pro 2024 从新手到高手

- 基值：指视频剪辑中RGB的基本值。
- 增益：基值的增量。例如，在蓝色调的剪辑中蓝色的基值是100，增益是10，最后结果为110。

为了在调整RGB颜色校正器的同时也能看到RGB分量，可右击"Lumetri范围"面板，在弹出的快捷菜单中选择"分量类型"→RGB选项，然后将"Lumetri范围"面板拖至下方窗口进行合并，如图8-46所示。

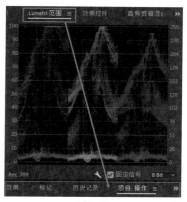

图8-46

3. RGB曲线

以"主要"曲线为例，曲线左下方代表暗场，将端点向上移动可使图像暗部提亮；曲线右上方代表亮场，将端点向下移动可以使图像亮部压暗。可以在曲线上的任意一处（除两端处）单击以添加锚点，进行分段调整，如图8-47所示。红色、绿色、蓝色曲线的调整方法相同。

图8-47

8.2 视频的调色插件

在影视后期制作过程中，为了追求更好的视觉效果，经常需要为画面中的人物进行磨皮美肤处理，美化人物面部皮肤的暗斑、粗糙、痘痘等问题，Beauty Box插件都可以快速修复。随着手机拍摄技术的提升，人们用手机视频来记录生活的点点滴滴越来越普遍。在晚上或者光线微弱的环境中拍摄时，拍摄的视频就会出现噪点，此时可以用Neat Video插件来消除这些噪点。Mojo Ⅱ是一个非常实用的视频调色插件，可以在视频后期处理中让画面调色呈现好莱坞影片的效果。这个插件最大的特点就是可以实现快速预览，即可以快速调出好莱坞风格色调。下面详细介绍这些插件的使用方法。

8.2.1 人像磨皮：Beauty Box

Beauty Box插件是一个使用面部检测技术自动识别皮肤颜色并创建遮罩的插件，可以同时安装到Premiere和After Effects中。下载Beauty Box插件后，即可在"效果"面板中找到"视频效果"→Digital Anarchy→Beauty Box效果，并将其拖至视频素材上。Beauty Box插件将自动识别视频素材中的人物皮肤，并进行磨皮处理，如图8-48所示。

图8-48

若想对皮肤细节进行更精细的调节，可以在"效果控件"面板中找到Beauty Box属性，详细调节参数。"平滑幅度"参数可以控制磨皮的程度，"皮肤细节平滑"参数可以调节皮肤细节的平滑量，如图8-49所示。

图8-49

"增强对比"参数可以微调皮肤的质感，也可以使用"吸管工具" 吸取皮肤的暗部和亮部来精准调节。通常采用默认的参数即可，只有在特殊的光线环境下，人物肤色发生较大偏色时才会用到"吸管工具"和"色相范围"等参数来选取人物肤色的范围，如图8-50所示。

图8-50

8.2.2 降噪：Neat Video

Neat Video插件拥有优异的降噪技术和高效率的渲染能力，支持多个GPU和CPU协同工作，降噪效果和处理速度都非常优秀，可以快速减少视频中的噪点。

在"效果"面板中找到"视频效果"→Neat Video→"视频降噪处理"效果，并拖至视频素材上，如图8-51所示。

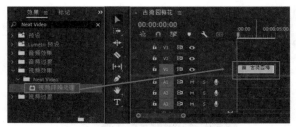

图8-51

在"效果控件"面板中找到"视频降噪处理"属性并单击右侧的设置按钮，如图8-52所示，打开设置窗口。

图8-52

单击左上角的Auto Profile选项卡，如图8-53所示。插件将自动框选噪点，单击Apply按钮，即可消除噪点，如图8-54所示。

图8-53

图8-54

128

8.2.3 调色：Mojo II

Mojo II插件会自动调整颜色，让视频剪辑呈现出青绿色的色调。用户可以在"效果控件"面板中展开Mojo II属性，进行更加精细的调整。

打开序列，并添加素材到"时间轴"面板中，如图8-55所示。

切换至"效果"面板，找到"视频效果"→RG Magic Bullet→Mojo II效果，并将其拖至视频素材上，如图8-56所示。

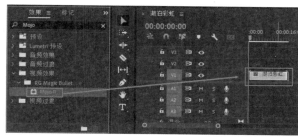

图8-55   图8-56

此时，"节目"监视器面板中的画面色调立即发生了变化。下面讲解几个重要的参数。在"效果控件"面板中找到Mojo II属性并将其展开，其中的"素材格式"是指当前素材类型，不同素材类型色调各不相同，默认状态下为Flat，如图8-57所示。

图8-57

预设：可以自由选择预设，选择不同的预设，下方的参数也将有相应的变化，默认状态为Mojo。

Mojo：指色调对比。将Mojo调整到最大时，画面的色调对比更加强烈。当然，在参数值变更后，"预设"将自动变为None，如图8-58所示。

图8-58

阴影蓝绿色：将该值调至最大时，画面染色效果更加明显，如图8-59所示。

图8-59

对比度："对比度"值越大，画面颜色越深；值越小，画面颜色越浅，如图8-60所示。

图8-60

饱和度："饱和度"值越大，画面饱和度越低；值越小，画面饱和度越高，如图8-61所示。

图8-61

曝光度："曝光度"值越大，画面曝光度越强；值越小，画面曝光度越弱，如图8-62所示。

冷/暖："冷/暖"值越大，画面偏暖；值减小，则画面偏冷，如图8-63所示。

强度：可以自由调整插件强度，默认状态为100，如图8-64所示。

图8-62

图8-63

图8-64

8.3 视频调色技巧

本节主要介绍Premiere Pro的视频调色技巧，包含曝光处理、匹配色调、强调校色、环境光调色、关键帧调色等。

8.3.1 实例：解决曝光问题

曝光问题通常有两种情况：曝光不足和曝光过度。解决曝光问题的具体操作方法如下。

1. 曝光不足

STEP 01 启动Premiere Pro 2024，按快捷键Ctrl+O，打开素材文件夹中的"解决曝光问题.prproj"项目文件，如图8-65所示。

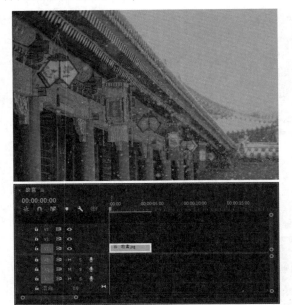

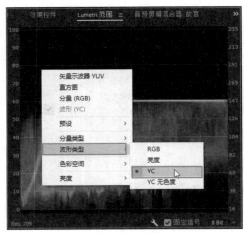

图8-65

STEP 02 单击右上角的"工作区"按钮▦，切换至"颜色"工作区，在"Lumetri范围"面板中右击，在弹出的快捷菜单中选择"波形类型"→YC选项，如图8-66所示。

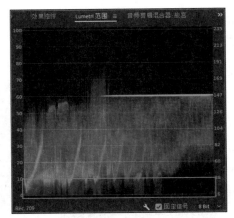

图8-67

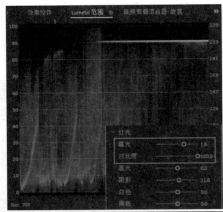

图8-68

图8-66

STEP 03 观察图像发现，在曝光不足的图像中，更多像素点聚集在阴影区，波形位置普遍较低，甚至有些已经接近于0，如图8-67所示。

STEP 04 在"Lumetri颜色"面板中展开"灯光"属性，调整"曝光"和"对比度"参数，同时检查YC波形，确保像素在全区域分布，如图8-68所示。

STEP 05 观察原图和修改后的图像效果，如图8-69所示。

图8-69

图8-69（续）

2. 曝光过度

曝光过度的图片或视频素材，除了使用"Lumetri颜色"面板的"灯光"属性进行亮度调节，还可以使用"曲线"中的"RGB曲线"属性调整高光、中间调和阴影，如图8-70所示。

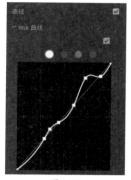

图8-70

8.3.2 实例：调整过曝素材

调整过曝素材的前后效果如图8-71所示。

图8-71

STEP 01 启动Premiere Pro 2024，按快捷键Ctrl+O，打开素材文件夹中的"调整过曝.prproj"项目文件。进入工作界面后，可以看到"时间轴"面板中已经添加好的素材，如图8-72所示。

STEP 02 在"Lumetri范围"面板中右击，在弹出的快捷菜单中选择"波形类型"→YC选项，如图8-73所示。

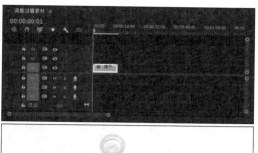

图8-72

图8-73

STEP 03 观察图像，在曝光过度的图像中，YC波形顶部有许多亮像素，有些已经达到100，如图8-74所示。

图8-74

STEP 04 在"Lumetri颜色"面板中展开"RGB曲线"属性，单击曲线右上角，添加一个锚点并向下拖曳，同时观察YC波形，将图像的高光部分降至80～90，如图8-75所示。

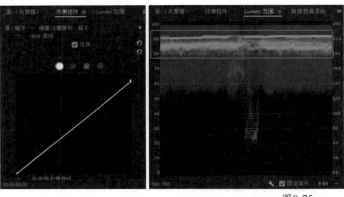

图8-75

STEP 05 观察图像，在曝光过度的图像中，YC波形底部缺乏暗像素，如图8-76所示。

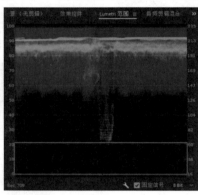

图8-76

STEP 06 单击曲线左下角，添加一个锚点并向右拖曳，同时观察YC波形，将图像的暗像素降至10左右，如图8-77所示。

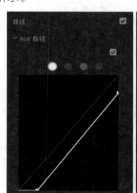
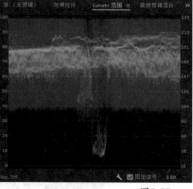

图8-77

8.3.3 实例：匹配色调

在视频剪辑中，一些视频的颜色与色调也许会不同，为了保持视频整体画面的和谐统一，需要对视频进行色调匹配处理。

STEP 01 打开项目文件，将"湖水.mp4"素材拖至V1轨道上，将"桥.jpg"素材拖至V2轨道上，如图8-78所示。

STEP 02 切换至"效果"面板，单击激活"桥.jpg"素材，在"效果控件"面板的"运动"属性中，设置"位置"的X轴坐标为822.0、"缩放"为23.0，如图8-79所示。

STEP 03 单击激活"湖水.jpg"素材，在"效果控件"面板的"运动"属性中，设置"位置"的X轴坐标为2198.0、"缩放"为43.0，如图8-80所示。

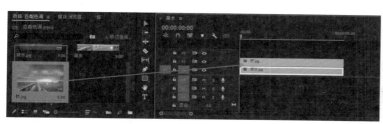

图8-78

图8-79

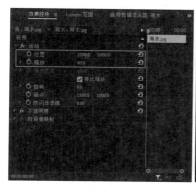

图8-80

STEP 04 在"Lumetri范围"面板中右击，在弹出的快捷菜单中选择"预设"→"分量RGB"选项，如图8-81所示。

STEP 05 在"效果"面板中执行"视频效果"→"过时"→"RGB曲线"效果，并将其拖至"湖水.jpg"素材上，如图8-82所示。

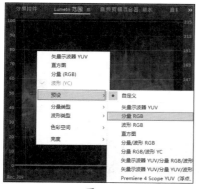

图8-81

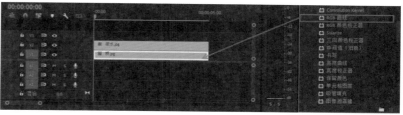

图8-82

STEP 06 观察"Lumetri范围"面板中分量RGB的红色区域，左半部分属于"桥.jpg"素材，右半部分属于"湖水.jpg"素材，两者不太一致，如图8-83所示。

STEP 07 展开"效果控件"面板中的"RGB曲线"属性，单击红色曲线右上角，添加一个锚点并向左拖曳，提亮"桥.jpg"素材的红色高光部分，同时查看"Lumetri范围"面板中的分量RGB的红色区域，尽可能使右半部分与左半部分匹配，如图8-84所示。

STEP 08 观察"Lumetri范围"面板中分量RGB的绿色区域。左半部分属于"桥.jpg"素材，右半部分属于"湖水.jpg"素材，两者大致相同，因此不做调整，如图8-85所示。

STEP 09 观察"Lumetri范围"面板中分量RGB的蓝色区域。左半部分属于"桥.jpg"素材，右半部分属于"湖水.jpg"素材，两者大致相同，因此不做调整，如图8-86所示。

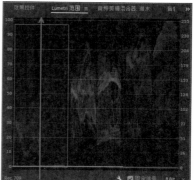

图8-83

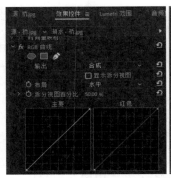
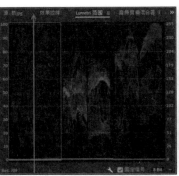

图8-84

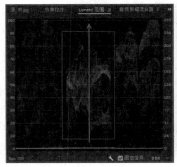
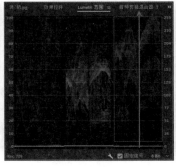

图8-85　　　　　　　　　　　　　　　　　图8-86

8.3.4　实例：关键帧调色

下面介绍关键帧调色的方法，具体操作步骤如下。

STEP 01　打开项目文件，切换至"效果"面板，在"效果"面板中找到"视频效果"→"过时"→"快速颜色校正器"效果，并将其拖至视频素材上，如图8-87所示。

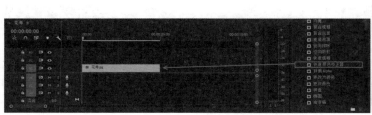

图8-87

STEP 02　在"效果控件"面板中找到并展开"快速颜色校正器"属性，如图8-88所示。

STEP 03　单击想要进行调整前的"切换动画"按钮，调色需要一个或多个关键帧，如图8-89所示。

STEP 04　拖曳"效果控件"面板中的时间指示器，移至要调色的位置，直接在"效果控件"面板中的"快速颜色校正器"属性中调色即可，如图8-90和图8-91所示。

图8-88　　　　　　　　　图8-89　　　　　　　　　图8-90

图8-91

8.3.5 混合模式调色

混合模式的主要作用是可以用不同的方法将上方图像的颜色值与下方图像的颜色值混合。当将一种混合模式应用于某一图层时，在此图层或下方的任何图层上都可以看到混合模式的效果。Premiere Pro中的色彩混合模式和Photoshop中的色彩混合基本相同，如图8-92所示。

混合模式的具体选项及效果可以分为如下几类，如图8-93所示。

图8-92   图8-93

1. "溶解"模式

使用"溶解"模式可以通过调整不透明度，使素材具有一定密度的颗粒感（不透明度越高，颗粒密度越大），如图8-94所示。

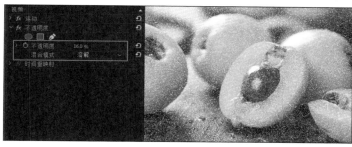

图8-94

2. "变暗"模式

"变暗"模式不会将两个图层完全混合，准确地说，该模式会对两个图层的像素进行对比，然后显示两者中更暗的像素。为了方便说明此问题，这里提供了一张白灰黑色卡，如图8-95所示。

将此色卡放置在混合图层中，并将混合模式调整为"变暗"模式，会发现色卡白色部分比基色图层的像素亮度高，所以该区域经过"变暗"处理，将显示色卡下方基色图层的像素，色卡黑色部分比其下方基色图层的像素内容亮度低，所以色卡黑色区域经过"变暗"处理将显示为色卡的黑色内容，灰色部分的内容则介于两者之间，如图8-96所示。

图8-95

图8-96

"相乘"属于变暗模式，其公式是"基色×混合色=结果色"，所以即使上下图层内容调换后采用相乘模式，其混合结果也一致。该效果的结果色就是一个比基色和混合色更深的"叠加色"。当基色为黑色时，无论混合色为什么颜色，其结果都是黑色；当混合色为黑色时，无论基色为什么颜色，其结果也都是黑色。因为相乘的结果就是得到一个比基色与混合色都深的颜色，而没有比黑色更深的颜色了，所以其结果永远是黑色，如图8-97和图8-98所示（注意基色与混合色的图层关系）。

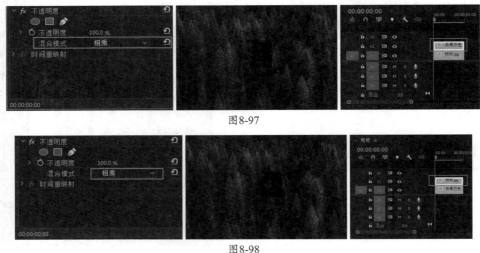

图8-97

图8-98

📦提示
　　对比"变暗"与"相乘"模式，其区别为："变暗"不生成新的颜色，而"相乘"会生成新的颜色。

　　"颜色加深"模式通常用于解决曝光过度的问题，即在保留白色的情况下，通过计算每个通道中的颜色信息，以提高对比度的方式（除白、黑以外，其他每一种暗度都提高对比度），使基色图层变暗，再与混合图层混合，效果如图8-99所示。

图8-99

3."变亮"模式

　　"变亮"模式的效果与"变暗"模式相反；"滤色"效果与"相乘"模式相反；"颜色减淡"模式的效果与"颜色加深"模式相反；"线性减淡（添加）"模式的效果与"颜色减淡"模式相近，但是较亮的素材会变得更亮，对比度和饱和度则会有所下降；"浅色"模式的效果与"深色"模式相反。

4."对比度"模式

　　"叠加"属于"对比度"模式，即除50%灰外的所有图层叠加区域都提高对比度，且色相会根据叠加的颜色而发生改变，如图8-100所示。

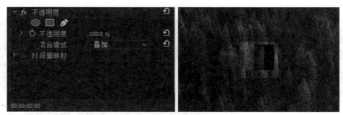

图8-100

"柔光"是"叠加"模式的弱化效果版本，即叠加效果相对较弱，如图8-101所示。

图8-101

使用"强光"模式，50%灰色将不被影响，亮度高于50%灰色的图像将采用接近"滤色"的效果（变亮），反之，将采用接近"相乘"模式的效果（变暗），如图8-102所示（本色卡为纯白、50%灰、纯黑，所以白色、黑色都被保留，而灰色将被去掉）。

图8-102

"亮光"模式可以理解为"叠加"模式的增强版本，如图8-103所示。

图8-103

"线性光"模式是"线性加深"模式和"线性减淡（添加）"模式的效果组合，即50%的灰色将被剔除，亮度低于50%灰色的区域才有"线性加深（变暗）"模式的效果，反之将采用"线性减淡（添加）"模式的效果（变亮），如图8-104所示。

图8-104

"点光"模式是"变暗"模式和"变亮"模式的效果组合，如图8-105所示。

图8-105

"强混合"模式是将混合色的RGB通道数值添加到基色的RGB数值中（增大数值），其结果往往导致画面的颜色更纯，如图8-106所示。

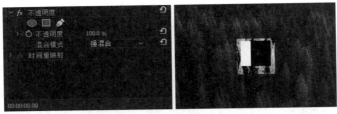

图8-106

5. "差值"模式

"差值"模式的原理是对两个图层中的RGB通道数值进行分别比较,将"基色"的RGB值与"混合色"的RGB值(每个通道一一对应)相减,作为结果色(结果取正值)。为方便理解,在软件中创建了亮光色块,参数如图8-107所示。

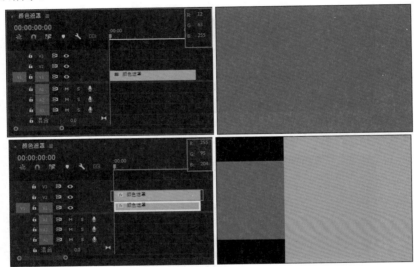

图8-107

对混合色的图层(色块)进行"差值"模式混合的结果如图8-108所示。

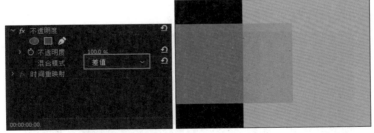

图8-108

为方便对颜色进行对比,在结果色旁放置一个色块。其R值为255-12=-243(取243),G值为95-63=-32(取32),B值为204-255=51(取51),结果如图8-109所示。

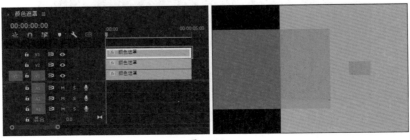

图8-109

"排除"模式的效果与"差值"模式的效果接近，但算法不一样。总的来说，"排除"模式具有高对比度和低饱和度的特点，其结果是颜色更加柔和、明亮。

"相减"模式的原理是对两个图层中的RGB通道数值进行分别对比，用"基色"的RGB值减去"混合色"的RGB值（每个通道一一对应），作为结果色（相减的最小结果为0，即减法结果为负数则取0）。参考"差值"模式理解。

"相除"模式的原理是将两个图层中的RGB通道数值进行分别比较，用"基色"的RGB值减去"混合色"的RGB值（每个通道一一对应），作为结果色（最终单个颜色通道最大数值为255）。为方便理解，在软件中创建了两个色块，如图8-110所示。

对V2轨道的混合色的图层（色块）进行"相除"混合，结果如图8-111所示。

图8-110

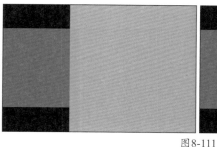
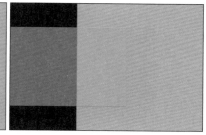

图8-111

为方便对颜色进行对比，结果如图8-112所示。

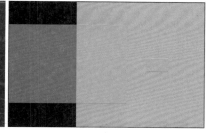

图8-112

6. "颜色"模式

"色相"模式的效果是将混合色的色相应用到基色上（并不会修改基色的饱和度与亮度）；"饱和度"模式的效果是将混合色的饱和度应用到基色上（并不会修改基色的色相与亮度）；"颜色"模式的效果是将混合色的色相与饱和度应用到基色上（并不会修改基色的亮度）；"发光度"模式的效果是将混合色的亮度应用到基色上（并不会修改基色的色相与饱和度）。

将"小狗.mp4"素材导入"项目"面板并将其拖至"时间轴"面板中，如图8-113所示。

图8-113

新建一个"颜色遮罩"图层，参数设置保持默认，如图8-114所示，具体颜色如图8-115所示。

将"颜色遮罩"拖至"时间轴"面板的V2轨道上，并将其持续时间延长至与"小狗.mp4"素材一致，如图8-116所示。

图8-114

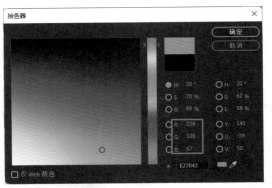

图8-115

图8-116

在"混合模式"下拉列表中选择"柔光"选项，如图8-117所示。

图8-117

▣ 8.3.6　实例：黄昏效果调色

下面介绍黄昏效果的调色方法，本案例调整前后的效果对比如图8-118所示。

图8-118

STEP 01　启动Premiere Pro 2024，按快捷键Ctrl+O，打开素材文件夹中的"黄昏效果调色.prproj"项目文件。进入工作界面后，可以看到"时间轴"面板中已经添加好的素材，如图8-119所示。

图8-119

STEP 02 新建一个"颜色遮罩"图层，具体颜色参数如图8-120所示。

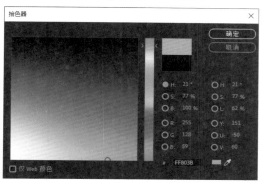

图8-120

STEP 03 将"颜色遮罩"拖至V2轨道上，并将"混合模式"设置为"相乘"，如图8-121所示。将"不透明度"设置为83.0%，单击"切换动画"按钮■记录关键帧，再将时间指示器移至素材开始处，将"不透明度"调为0.0%，建立第二个关键帧。

图8-121

8.3.7 颜色校正

在Premiere Pro中可用"RGB颜色校正器"效果中的"色调范围"选项对画面进行局部调整。

在"效果"面板中找到"RGB颜色校正器"效果，将其拖至素材上，如图8-122所示。

在"效果控件"面板中找到"RGB颜色校正器"属性中的"输出"下拉列表，选择"色调范围"选项，如图8-123所示。此时，图像变为灰度图像，白色表示高光部分，黑色表示阴影部分，灰色表示中间色调部分。

图8-122

图8-123

展开"色调范围定义"选项，其中的白色正方形滑块定义高光范围，黑色正方形滑块定义阴影范围，中间灰色部分定义中间色调范围。三角形滑块则用于调整中间色调到阴影和高光的衰减过程。可以拖曳滑块进行调整，也可以对下方的阈值与柔和度进行调整，如图8-124所示。

在调整色调范围定义滑块后，可以在"色调范围"中选择"高光""阴影"或"中间调"选项，随后在下方调整"增益"以进行更精确的调整，如图8-125所示。

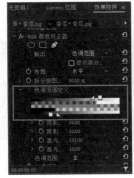

图8-124　　　　　　　图8-125

8.3.8　局部调整

局部调整分为二次校色和遮罩校色，下面依次进行说明。

1. 二次校色

二次校色调整的是画面的选定区域，也就是局部校色。

在"效果"面板中找到"三向颜色校正器"效果并将其拖至素材上，如图8-126所示。

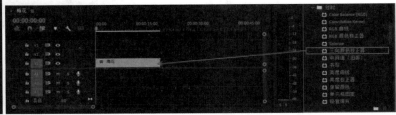

图8-126

在"效果控件"面板中，找到"三向颜色校正器"属性，展开"辅助颜色校正"参数，使用"吸管工具" 吸取想要调整的颜色，此时可以单击"吸管+工具"按钮 增加类似色，如图8-127所示。

在"辅助颜色校正"栏中取消勾选"显示蒙版"复选框，随后展开"色相"选项，调整"起始阈值"和"结尾阈值"以更加精确地选取范围，并根据需要调整柔和度，如图8-128所示。

展开"饱和度"选项，调整阈值和柔和度，如图8-129所示。

图8-127　　　　　　图8-128　　　　　　图8-129

展开"亮度"选项，调整阈值和柔和度，如图8-130所示。

展开"柔化"选项调整参数。随后展开"边缘细化"选项，强化柔化结果，如图8-131所示。

图8-130

图8-131

在"拆分视图"选项中调整中间色调、高光和阴影的色轮，如图8-132所示。

图8-132

2. 遮罩调色

可以使用遮罩进行局部颜色调整。

在"效果"面板中找到"Lumetri颜色"效果并将其拖至素材上，如图8-133所示。

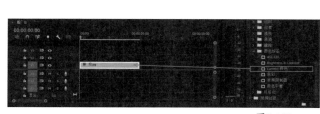

图8-133

在"效果控件"面板中找到"Lumetri颜色"特效，将想要调整颜色的局部选取出来，如图8-134所示。

图8-134

展开"色轮和匹配"选项，调整"中间调"，如图8-135所示。

图8-135

8.4 综合实例：日系人像调色

日系清新风格的照片往往以偏蓝、偏青的色调为主，冷色调传递出清凉、平静、安逸的视觉感受的同时，又常常在局部融入橙、黄色暖调作为点缀（亮部偏青，暗部有暖色），形成对比和反差。下面详细讲解日系色调的调色方法，案例效果如图8-136所示。

图8-136

STEP 01 启动Premiere Pro 2024软件，执行"文件"→"打开项目"命令（快捷键Ctrl＋O），打开素材文件夹中的"日系色调.prproj"项目文件。

STEP 02 进入工作界面后，可以看到"时间轴"面板中已经添加完成的素材，如图8-137所示。在"节目"监视器面板中可以预览当前素材效果，如图8-138所示。

STEP 03 在"项目"面板的空白区域右击，在弹出的快捷菜单中选择"新建项目"→"调整图层"选项，将"调整图层"拖至"时间轴"面板的V2轨道上，如图8-139所示。

图8-138

图8-137

图8-139

STEP 04 选择V2轨道的"调整图层"，在"Lumetri

颜色"面板中展开"基本校正"卷展栏，设置"色温"参数为-13.0、"色彩"参数为-7.0、"曝光"参数为0.8、"对比度"参数为-30.0、"高光"参数为30.0、"阴影"参数为-40.0、"白色"参数为7.0，如图8-140所示。

STEP 05 展开"创意"卷展栏，设置"淡化胶片"参数为40.0、"自然饱和度"参数为-10.0、"饱和度"参数为80.0，如图8-141所示，调整后的画面效果如图8-142所示。

| 图8-140 | 图8-141 |

图8-142

STEP 06 在"项目"面板中选择"清纯美女.mp4"素材，拖至V3轨道上并右击，在弹出的快捷菜单中选择"取消链接"选项，然后选择并删除相应的音频素材，如图8-143所示。

图8-143

STEP 07 在"效果"面板中搜索"线性擦除"效果，将其拖至V3轨道的"清纯美女.mp4"素材上，如图8-144所示。

图8-144

STEP 08 将时间指示器移至00:00:00:00处，在"效果控件"面板中展开"线性擦除"属性，单击"过渡完成"前的"切换动画"按钮，生成关键帧，如图8-145所示，将时间指示器移至00:00:03:00处，设置"过渡完成"参数为100%，如图8-146所示。

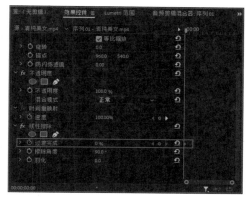

图8-145

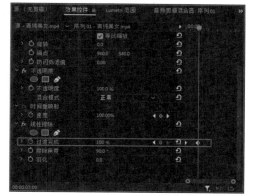

图8-146

8.5 本章小结

本章介绍了视频素材颜色校正与调整的基础知识，以及Premiere Pro 2024中的图像控制效果、过时类效果、颜色校正类效果的具体应用。掌握和熟悉Premiere Pro 2024中的各类调色效果的使用方法及应用，可以帮助我们在进行视频处理工作时，游刃有余地将画面处理为想要的色调和效果，实现作品风格的多样性。

第9章
字幕的创建与编辑

字幕的创建与编辑是影视编辑处理软件中的一项基本功能，字幕除了可以帮助影片更好地展现相关内容信息外，还可以起到美化画面、表现创意的作用。Premiere Pro 2024为用户提供了制作影视作品所需的大部分字幕功能，在无须脱离Premiere Pro工作环境的情况下，能够实现不同类型字幕的制作。

本章重点

◎ 创建字幕的几种方法　　　　　◎ 在"字幕"面板中编辑字幕
◎ 制作滚动字幕　　　　　　　　◎ 为字幕添加样式

本章的效果如图9-1所示。

图9-1

9.1 创建字幕

在Premiere Pro 2024中，可以通过创建字幕剪辑，制作需要添加到影片画面中的文字信息。

9.1.1 "基本图形"面板概述

在"效果"面板中找到"基本图形"面板，该面板拥有两个选项卡——"浏览"和"编辑"，如图9-2所示。

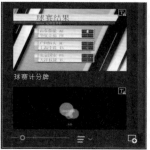

图9-2

"基本图形"面板的两个选项卡介绍如下。

● 浏览：用于浏览内置的字幕模版，其中许多模版还包含了动画效果。

● 编辑：修改添加到序列中的字幕或在序列中创建的字幕。

用户可以使用模板，也可以使用"文字工具"，在"节目"监视器面板中创建字幕，还可以用"钢笔工具"在"节目"监视器面板中绘制图形。长按"文字工具"，可以选择"垂直文字工具"；长按"钢笔工具"可以选择"矩形工具"或"椭圆形工具"。创建形状或文字元素后，可以使用"选择工具"调整其位置与大小。

> 📦 提示
>
> 在选中"选择工具"的前提下，在"节目"监视器面板中选择形状后，可通过调整控制手柄改变其形状。随后切换至"钢笔工具"，可以看到锚点，调整锚点即可重塑形状。切换回"选择工

具"，单击形状之外的区域，隐藏控制手柄，则可以更加清晰地看到结果。

选择"选择工具" ▶，单击"节目"监视器面板中的文字，会在"基本图形"面板的"编辑"选项卡中出现文字的"对齐并变换""外观"和其他的控件，将光标悬停在控件按钮上，即可显示该控件的名称，如图9-3所示。

图9-3

另外，用户可以自由使用不同的字体，如图9-4所示。每个系统载入的字体都是不同的，若想添加更多的字体，可以自行在操作系统的Fonts（字体）文件夹中安装。

图9-4

9.1.2 字幕的创建方法

Premiere Pro提供了两种创建文字的方法，即点文字和段落文字，且这两种创建文字的方法都提供了水平方向文字和竖直方向文字的选项。

1. 点文字

使用点文字创建方式。在输入时建立一个文字框，文字排成一行，直至按下Enter键换行。在改变文字框的大小和形状的同时，会改变文字的尺寸和比例，具体操作方法如下。

STEP 01 启动Premiere Pro 2024，按快捷键Ctrl+O，打开素材文件夹中的"字幕.prproj"项目文件。进入工作界面后，可以看到"时间轴"面板中已经添加好的背景图像素材，选择"文字工具" **T**，在"节目"监视器面板中单击，输入文字"极光"，如图9-5所示。注意，最后一次在"基本图形"面板中所做的设置将被应用到新创建的字幕上。

图9-5

STEP 02 选中"选择工具" ▶，文字外围将出现一个带有控制手柄的文字框，如图9-6所示。

图9-6

STEP 03 拖曳文字框的边角进行缩放。在默认情况下，文字的高度和宽度将保持相同的缩放比。在"基本图形"面板的"编辑"选项卡中，单击"设置缩放锁定"按钮 ，取消等比缩放，即可分别调整高度与宽度，如图9-7所示。

图9-7

STEP 04 将光标悬停在文字框的任意一角外，光标将变成弯曲的双箭头状态，单击并拖曳光标可以旋转文字。锚点的默认位置在文本的左下角，文字将绕着锚点旋转，如图9-8所示。

STEP 05 单击V1轨道前的"切换轨道输出"按钮 ，禁用V1轨道内容输出，如图9-9所示。

图9-8 图9-9

STEP 06 单击"节目"监视器面板中的"设置"按钮🔧，在弹出的菜单中选择"透明网格"选项，在透明网格背景中字幕不容易被看清楚，如图9-10所示。

图9-10

STEP 07 单击"节目"监视器面板上的文字素材，在"效果控件"面板中勾选"描边"复选框，并单击色块，在打开的"拾色器"对话框中选取黑色，如图9-11所示。

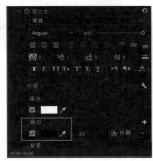

图9-11

STEP 08 将"描边宽度"设置为5.0，即可清晰地看到文字，并且在背景颜色变化时依然能够保持易读性，如图9-12所示。

图9-12

2. 段落文字

使用段落文字创建方式。在创建文字素材时，文字框的大小和形状就已经固定了。调整文字框的大小和形状，可以显示更多或更少的文字，但文字的缩放比例保持不变，具体操作方法如下。

STEP 01 选择"文字工具" T ，在"节目"监视器面板中单击并拖曳光标创建文本框后，输入段落文字。若需要换行，则按Enter键。段落文字会将文字限定在文本框内，并在文本排列到边缘后自动换行，如图9-13所示。

图9-13

STEP 02 选择"选择工具" ，单击并拖曳文字框可以改变文字框的大小和形状。注意，调整文字框的大小不会改变文字的大小，如图9-14所示。

图9-14

9.1.3 实例：创建并添加字幕

下面以实例的形式演示如何在项目中创建并添加字幕。

STEP 01 启动Premiere Pro 2024，按快捷键Ctrl+O，打开素材文件夹中的"添加字幕.prproj"项目文件。进入工作界面后，可以看到"时间轴"面板中已经添加好的背景图像素材，如图9-15所示。在"节目"监视器面板中可以预览当前素材效果，如图9-16所示。

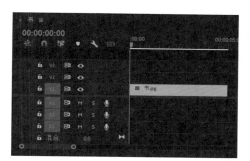

图9-15

图9-16

STEP 02 选择"文字工具" T ，在"节目"监视器面板中左下角单击并输入"茶香四溢"文字，如图9-17所示。

图9-17

STEP 03 在"基本图形"面板中设置"字体样式"为"宋体"、文字大小为41，设置"位置"参数为（202.7,2709.1），如图9-18所示。

至此，就完成了字幕的创建和添加工作。添加字幕前后的画面效果对比如图9-19所示。

图9-18

图9-19

> **提示**
>
> 在创建字幕素材后，若想对字幕参数进行调整，可在"项目"面板中双击字幕素材，再次打开"字幕"面板进行参数调整。

9.2 字幕的处理

在Premiere Pro中创建字幕后，用户还可以对字幕进行修改字体、填充颜色、添加描边和阴影等操作，甚至还可以通过绘制图形元素来对字幕进行修饰。

9.2.1 风格化

"基本图形"面板可以对文字的字体、位置、缩放、旋转和颜色等属性进行修改，如图9-20所示。在"基本图形"面板中对字幕做出的修改和在"效果控件"面板中对字幕做出的修改效果是相同的。

1. 更改字幕外观

在"基本图形"面板的"外观"区域可以更改字幕外观，增强文字的易读性，主要参数介绍如下。

- 填充：为文字确定一个主色，有利于使文字与背景形成对比，保持文字的易读性。
- 描边：为文字外部添加边缘，有利于保持文字在复杂背景上的易读性。

- 阴影：为文字添加阴影。通常选择一个颜色较暗的阴影会令效果更加明显，还可以调整阴影的柔和度，同时也需保证该文字的阴影角度和项目中其他文字的阴影角度一致。

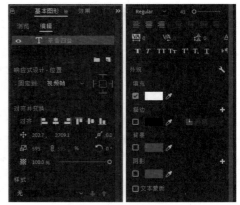

图9-20

用户可以自由更改"填充""描边""阴影"的颜色。方法为，通过单击色块调出"拾色器"对话框，在其中选取颜色。有时，在选取颜色后，预览颜色旁会出现一个警告图标▲，如图9-21所示。这是Premiere Pro在提醒该颜色不是广播安全色，这意味着将视频信号投入广播电视时很可能会出现问题。单击警告图标即可自动选择最接近该颜色的广播安全色。

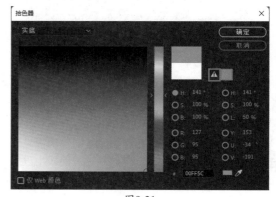

图9-21

2. 保留自定义样式

如果设置了自己喜欢的文字外观，则可以将其保存为文字样式，方便下次使用。文字样式包含了文字的颜色和属性等，可以应用文字样式快速更改文字属性。下面演示保存与应用文字样式的方法。

STEP 01 启动Premiere Pro 2024，按快捷键Ctrl+O，打开素材文件夹中的"保留自定义样式.prproj"项目文件。进入工作界面后，可以看到"时间轴"面板中已经添加好的背景图像素材，在"节目"监视器面板可以预览画面，选择"圣诞树"

文本，如图9-22所示。

图9-22

STEP 02 在"节目"监视器面板中选中"圣诞树"文本，在"基本图形"面板的"样式"下拉列表中选择"创建样式"选项，在打开的"新建文本样式"对话框中，将该文字样式命名为"填黄描白"，如图9-23所示。

图9-23

STEP 03 这个文字样式将添加到样式列表中，如图9-24所示。

图9-24

STEP 04 切换至"组件"工作区，这个新的文字样式也将被自动添加到"项目"面板中，以便在剪辑项目之间共享该文字样式，如图9-25所示。

图9-25

STEP 05 单击"节目"监视器面板中的"地毯"文字，在"基本图形"面板中选中"填黄描白"样式，将"填黄描白"样式应用到"地毯"文字上，如图9-26所示。

图9-26

9.2.2 滚动效果

用户可以为视频的片头和片尾字幕做出滚动效果。滚动效果的设置如图9-27所示，游动效果在"节目"监视器面板中的滚动条如图9-28所示。

图9-27   图9-28

"滚动"的主要参数介绍如下。

- 启动屏幕外：将字幕设置为开始时完全从屏幕外滚进。
- 结束屏幕外：将字幕设置为结束时完全滚动出屏幕。
- 预卷：设置第一个文本在屏幕上显示之前要延迟的帧数。
- 过卷：设置字幕结束后播放的帧数。
- 缓入：设置在开始的位置，将滚动的速度从0逐渐增大到最快速度的帧数。
- 缓出：设置在末尾的位置放慢滚动字幕速度的帧数。

播放速度是由时间轴上滚动字幕的长度决定的。较短字幕的滚动速度比较长字幕的滚动速度快。

9.2.3 实例：影视片尾滚动文字

本节将介绍片尾滚动文字的制作方法，具体操作如下。

STEP 01 启动Premiere Pro 2024软件，按快捷键Ctrl+O，打开素材文件夹中的"滚动字幕.prproj"项目文件。进入工作界面后，可以看到"时间轴"面板中已经添加好的背景图像素材，如图9-29所示。在"节目"监视器面板中可以预览当前素材效果，如图9-30所示。

STEP 02 打开素材文件夹中的文档，复制文本内容，选择"文字工具" T，进入"节目"监视器面板，然后按快捷键Ctrl+V粘贴复制的文本，如图9-31所示。

图9-29

图9-30

图9-31

> 🔷 **提示**
>
> 部分创建的文字不能正常显示，是由于当前的字体类型不支持该文字的显示，替换合适的字体后即可正常显示。

STEP 03 切换"选择工具"选择文本内容，在"基本图形"面板中设置字体、行距和填充颜色等参数，并将文字摆放至合适位置，如图9-32所示。

STEP 04 单击"节目"监视器面板的空白处，在"基本图形"面板中勾选"滚动"复选框，"节目"监视器面板中会出现一个滚动条，根据需求可以设置"滚动"参数来控制播放速度，如图9-33所示。

STEP 05 在"时间轴"面板中右击V2轨道上的字幕，在弹出的快捷菜单中选择"速度/持续时间"选项，打开"剪辑速度/持续时间"对话框，修改"持续时间"为00:00:12:00，如图9-34所示，单击"确定"按钮。

图9-32

图9-33

图9-34

STEP 06 完成上述操作后，“时间轴”面板中的字幕素材的时长将与V1轨道的“树木jpg”素材一致，如图9-35所示。

STEP 07 在“节目”监视器面板中可预览最终的字幕效果，如图9-36所示。

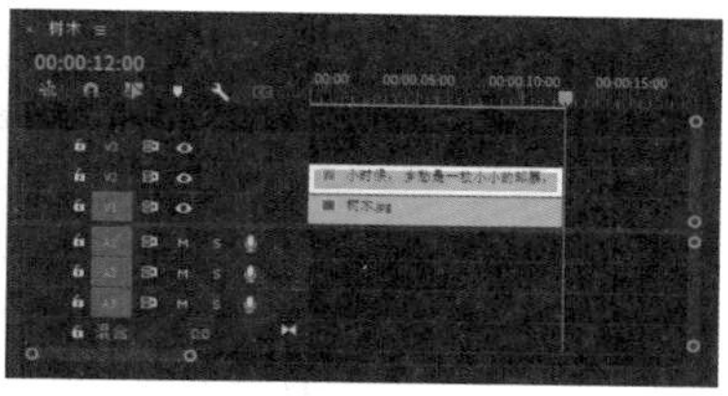

图9-35

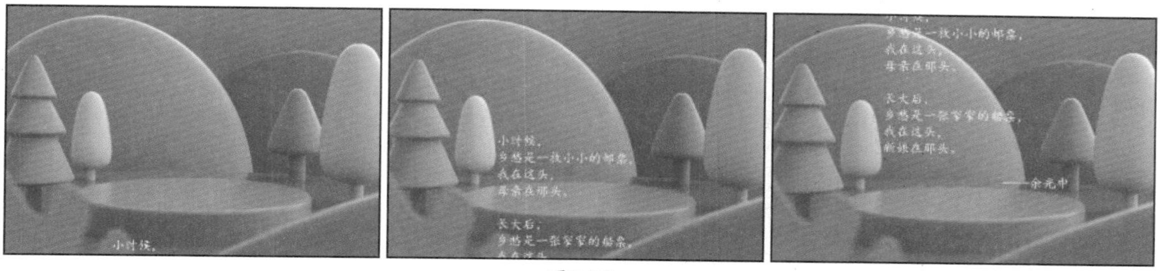

图9-36

9.2.4 使用字幕模板

“基本图形”面板中的“浏览”选项卡包含了许多字幕模板，可以将想要使用的字幕模板拖至序列上并对其进行修改，如图9-37所示。

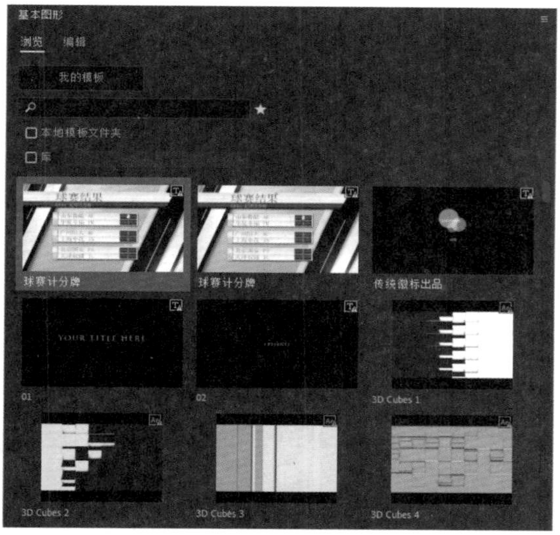

图9-37

许多字幕模板都包含了动态图形，所以它们也被称为“动态图形模板”。有些字幕模板的右上角可能会有一个“警告”标志，说明该字幕模板中的字体在当前的系统中并没有被安装。若在序列中添加这样的字幕模板，将弹出解析字体对话框。勾选缺失字体的复选框，将自动安装相应的字体以供用户使用。

9.2.5 创建自定义的字幕模板

用户可以创建自定义的字幕模板，只需选中想要导出的字幕，然后在菜单栏中执行“图形和标题”→“导出为动态图形模板”命令，如图9-38所示。

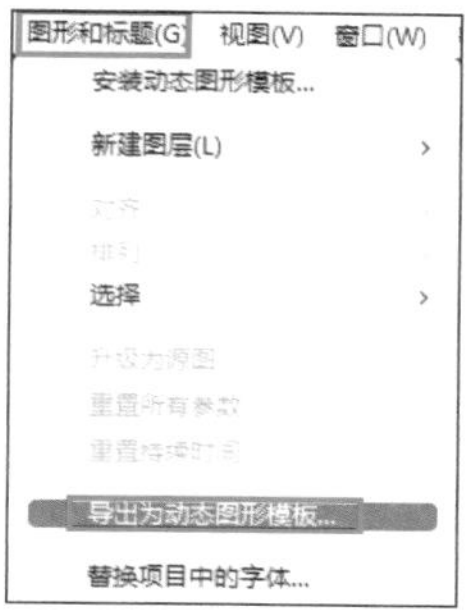

图9-38

用户可以给自定义的字幕模板命名，并为其选择一个存储位置，如图9-39所示。

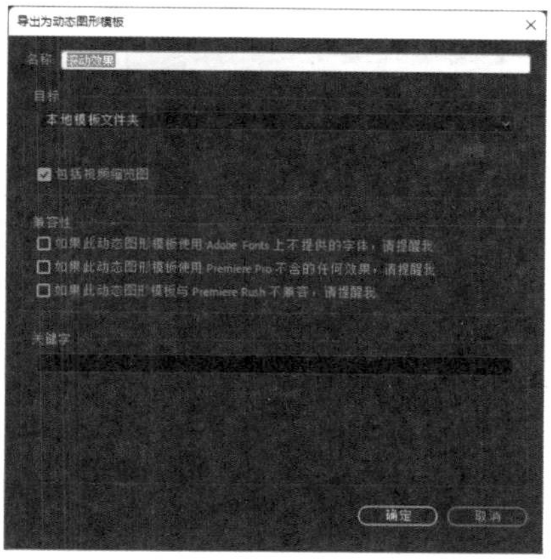

图9-39

若将自定义的字幕模板存储在本地硬盘中，则可以在任何项目中导入该字幕模板，具体方法为，在菜单栏中执行“图形和标题”→“安装动态图形模板”命令，如图9-40所示，或者在“基本图形”面板中的“浏览”选项卡中单击“安装动态图形模板”按钮，如图9-41所示。

图9-40　　　　　　　　图9-41

1. 创建形状

STEP 01 启动Premiere Pro 2024，按快捷键Ctrl+O，打开素材文件夹中的"创建形状.prproj"项目文件。进入工作界面后，可以看到"时间轴"面板中已经添加好的背景图像素材。打开序列，选择"钢笔工具" 🖉，在"节目"监视器面板中单击多个锚点，创建形状。在每次单击时，Premiere Pro都会自动添加一个锚点，最后单击第一个锚点即可完成绘制，如图9-42所示。

STEP 02 在"基本图形"面板的"外观"选项组更改"填充"颜色为白色，勾选"描边"复选框并更改描边颜色为黑色，设置"描边宽度"为40.0，如图9-43所示。

STEP 03 再次选择"钢笔工具" 🖉，在"节目"监视器面板中创建一个新形状，但这次不是单击，而是在每次单击时拖曳。在拖曳时Premiere Pro将创建带有贝塞尔手柄的锚点，可以更加精确地控制创建的形状，如图9-44所示。

STEP 04 长按"钢笔工具"，选择"矩形工具" 🔲，创建矩形。在绘制的同时按住Shift键会创建正方形，如图9-45所示。

STEP 05 选择"椭圆工具" ⬭，创建椭圆，同时按住Shift键可以创建圆形，如图9-46所示。

9.2.6　绘制图形

在创建字幕时，还可以创建非文字内容的图形。Premiere Pro 2024提供了创建矢量形状作为图形元素的功能，还可以从本地导入图形元素，具体操作方法如下。

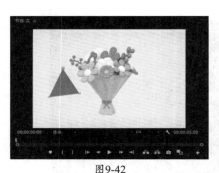

图9-42

图9-43

图9-44

图9-45

图9-46

2. 添加图形

STEP 01 打开序列，在"基本图形"面板的"编辑"选项卡中单击"新建图层"按钮 ，在弹出的菜单中选择"来自文件"选项，如图9-47所示。

STEP 02 在打开的"导入"对话框中，找到想要导入的图像文件，单击"打开"按钮，如图9-48所示。

图9-47

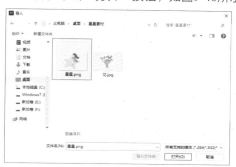

图9-48

STEP 03 选中图形，即可在"基本图形"面板中调整图形的位置、大小、旋转、缩放与不透明度等参数，如图9-49所示。

图9-49

9.3 变形字幕效果

读者可以在Premiere Pro中打造更加个性化的字幕。例如，可以从"效果"面板中为字幕添加变形效果，也可以调整"效果控件"面板中的"运动"选项，为字幕做出运动效果等。

1. 为字幕制作出变形的效果

STEP 01 新建项目。在"项目"面板空白处右击，在弹出的快捷菜单中选择"新建项目"→"黑场视频"选项，如图9-50所示。

STEP 02 在打开的"新建黑场视频"对话框中，新建一个5000×3333的黑场视频，具体参数如图9-51所示。

STEP 03 将"黑场视频"拖至"时间轴"面板中，如图9-52所示。

图9-50

图9-51

图9-52

STEP 04 在"节目"监视器面板中单击并输入"黑场视频"文字，如图9-53所示。

STEP 05 切换至"效果"面板。在"基本图形"面板的"编辑"选项卡中单击"水平居中对齐"按钮，如图9-54所示。

图9-53　　　　　　　　　　　　　　　　　　　　　　图9-54

STEP 06 在"效果"面板中找到"视频效果"→"扭曲"→"旋转扭曲"效果，并将其拖至字幕素材上，如图9-55所示。

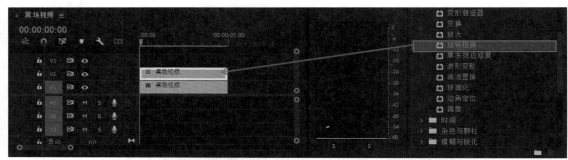

图9-55

STEP 07 在"效果控件"面板中找到"旋转扭曲"效果，根据需要调整参数，如图9-56所示。

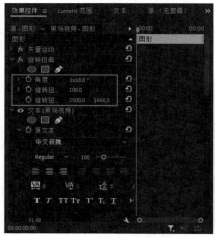 

图9-56

2. 使用位置/旋转/缩放等工具修改字幕

STEP 01 新建项目。在"项目"面板的空白区域右击，在弹出的快捷菜单中选择"新建项目"→"黑场视频"选项，如图9-57所示。

STEP 02 新建一个5000×3333的黑场视频，将"黑场视频"拖至"时间轴"面板中（操作方法与上一个实例相同，此处不重复讲解）。

STEP 03 在"节目"监视器面板中单击并输入"黑场视频"文字，切换至"效果"面板，在"基本图形"面板中的"编辑"选项卡中将文字垂直居中对齐和水平居中对齐，如图9-58所示。

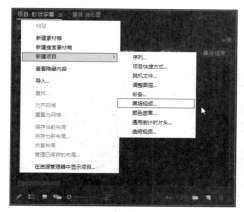

图9-57	图9-58

STEP 04 在"效果控件"面板的"变换"属性中，将"位置"的X轴坐标修改为204.0，使文字位于画面左侧。随后单击"位置"前的"切换动画"按钮🔘添加一个关键帧，如图9-59所示。

图9-59

STEP 05 拖曳时间指示器至字幕图层结尾处，随后将"位置"的X轴坐标修改为3182.0，使文字位于画面右侧，Premiere Pro将自动添加一个关键帧，如图9-60所示。将时间指示器移至字幕图层开头处，按空格键播放视频，即可看到字幕的移动效果。

STEP 06 在确保时间指示器位于字幕图层开头处的前提下，在"效果控件"面板的"运动"属性中单击"缩放"前的"切换动画"按钮🔘，添加一个关键帧，如图9-61所示。

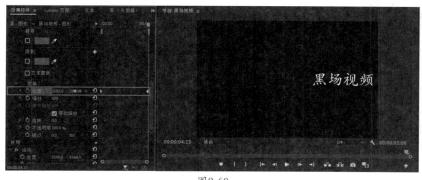

图9-60	图9-61

STEP 07 拖曳时间指示器至画面中的文字位于正中心的位置后，将"缩放"参数修改为140.0，将文字放大，Premiere Pro将自动添加一个关键帧，如图9-62所示。

STEP 08 拖曳时间指示器至字幕结尾处，将"缩放"参数修改100.0，使文字为原来的大小，软件将自动添加一个关键帧，如图9-63所示。

STEP 09 在确保时间指示器位于字幕图层开头处的前提下，在"效果控件"面板的"运动"属性中单击"旋转"字样前的"切换动画"按钮，添加一个关键帧，拖曳时间指示器至画面中的文字位于正中心的位置，将

"旋转"参数修改为0.0°，将文字旋转一周，Premiere Pro将自动添加一个关键帧，如图9-64所示。

STEP 10 拖曳时间指示器至字幕图层结尾处，随后将"旋转"参数修改为0.0°，将文字再旋转一周，软件将自动添加一个关键帧，如图9-65所示。

图9-62

图9-63

图9-64

图9-65

9.4 语音转文本

在制作一些解说、谈话类的视频时，经常会有大段的念白，在后期视频处理时需要为每句话添加上相应的字幕。在传统的后期制作里，字幕制作需要创作者反复试听视频语音，然后根据语音卡准时间点将

文字敲打上去，这样的做法势必会花费比较多的时间。为了提高制作视频的效率，可以使用Premiere Pro 2024的字幕工具——语音转文字功能，便捷高效地添加字幕，节省一些不必要的时间投入。

9.4.1 语音转文本功能介绍

启动Premiere Pro 2024，打开任意一个项目文件，然后切换至"字幕和图像"工作界面中的"文本"面板，如图9-66所示。

图9-66

"文本"面板中的各功能按钮的使用方法介绍如下。

- 转录序列：单击该按钮，将"时间轴"面板中的视频或音频转换为文本，并自动生成字幕。
- 创建新字幕轨：单击该按钮，将在"时间轴"面板中创建C（字幕）轨道。
- 从文件导入说明性字幕：单击该按钮，在文件夹中选择视频或音频进行转录说明性字幕。

9.4.2 实例：使用语音转文本创建字幕

STEP 01 启动Premiere Pro 2024，按快捷键Ctrl+O，打开素材文件夹中的"语音转文字.prproj"项目文件。进入工作界面后，可以看到"时间轴"面板中已经添加好的素材，如图9-67所示。

图9-67

STEP 02 在"时间轴"面板中选择"语音.wav"素材，打开"文本"面板，单击"转录序列"按钮，打开"创建转录文本"对话框，转录"语言"可设置13种语言，此外也可以设置仅转录从入点到出点的部分，设置好之后单击"转录"按钮，如图9-68所示。

图9-68

STEP 03 如果在转录完成后，识别的文本中有错别字，可以双击文本区域，对文字进行修改，如图9-69所示。单击文本中的文字时，"节目"监视器面板中的画面也会对应有所变化。

STEP 04 转录完成后单击"创建说明性字幕"按钮，打开"创建字幕"对话框，设置"字幕预设""格式""样式"等选项后，单击"确定"按钮，如图9-70所示。

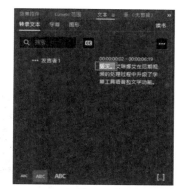

图9-69

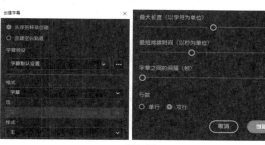

图9-70

STEP 05 在"时间轴"面板中自动生成字幕轨道，在"节目"监视器面板中也会自动显示字幕，如图9-71所示。

图9-71

STEP 06 此时自动生成的字幕不清晰，在右侧的"基本图形"面板中调整字幕字体、外观等选项，使画面中的字幕显示得更清楚，如图9-72所示。

图9-72

很多短视频常常以快速转换的文字提示视频的主要内容，或提示时间节点。本案例将以跨年VLOG片头为例，讲解文字快速转换效果的制作方法，案例效果如图9-73所示。

图9-73

STEP 01 启动Premiere Pro 2024，执行"文件"→"打开项目"命令（快捷键Ctrl+O），将素材文件夹中的"文字快速转换.prproj"项目文件打开。

STEP 02 进入工作界面后，可以看到"时间轴"面板中已经添加完成的素材，如图9-74所示。

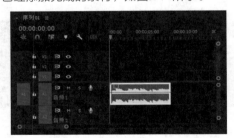

图9-74

STEP 03 根据音乐节奏，按M键，在节奏点上添加标记，如图9-75所示。

图9-75

STEP 04 在"工具"面板中选择"文字工具" T，然后在"节目"监视器面板中输入文字内容，并设置"字体"为"汉仪夏日体简"，设置"字体大小"

参数为182、"填充"为白色，字幕效果如图9-76所示。在"时间轴"面板中，对文字素材进行裁剪，使其末尾位置与第1个标记对齐，如图9-77所示。

图9-76

图9-77

> **提示**
>
> 文字内容仅供参考，读者可根据自己的喜好输入文字内容。

STEP 05 在"时间轴"面板选择"Oh"文字素材，按住Alt键不放，将其向右进行复制，使复制的文字素材的末尾位置与第2个标记对齐，如图9-78所示。

图9-78

STEP 06 按照步骤05的操作方法继续制作后面的文字，如图9-79所示。

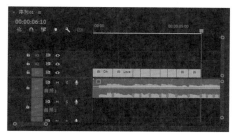

图9-79

STEP 07 将时间指示器移至00:00:06:10处，依次选择"项目"面板的"1~4.jpg"图片素材，将其拖至时间指示器后面，使图片素材末尾位置与标记点对齐，如图9-80所示，并调整图片素材大小，画面效果如图9-81所示。

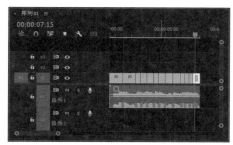

图9-80

图9-81

STEP 08 选择"时间轴"面板00:00:00:00~00:00:06:09时间段的文字素材，向上复制一层到V2轨道，如图9-82所示，全选V2轨道的文字素材，在"效果控件"面板中设置"字体"为"汉仪菱心体简"，设置"字体大小"参数为314，执行操作后，即可制作出文字重影效果，如图9-83所示。

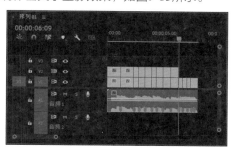

图9-82

图9-83

9.6 本章小结

本章介绍了字幕的创建与应用，内容包括创建字幕素材的多种方法，以及"具体图形"面板中样式、文本、外观等区域的介绍。在各类电视节目和影视创作中，字幕是不可缺少的元素，它不仅可以快速传递作品信息，同时也能起到美化版面的作用，使传达的信息更加直观深刻。希望大家能熟练掌握字幕处理的各项技能，在日后创作出更多优质的影视作品。

第 10 章
音频的处理技巧

一部完整的作品通常包括图像和声音，声音在影视作品中可以起到解释、烘托、渲染气氛和感染力、增强影片的表现力等作用。前面的章节为大家讲解的都是影视作品中影像方面的处理方法，本章将讲解Premiere Pro 2024中音频效果的编辑与应用。

本章重点
◎ 调整音频的持续时间　　　　◎ 使用"音频剪辑混合器"
◎ 应用音频效果　　　　　　　◎ 应用音频过渡效果

本章的效果如图10-1所示。

图10-1

10.1 音频效果与基本调节

Premiere Pro 2024具有强大的音频编辑处理能力，通过"音频剪辑混合器"面板，如图10-2所示，可以方便地编辑与控制声音。其中具备的声道处理能力，以及实时录音功能、音频素材和音频轨道的分离功能，使在Premiere Pro 2024中的音效编辑工作更为轻松、便捷。

图10-2

10.1.1 音频效果的处理方式

首先简要介绍Premiere Pro 2024对音频效果的处理方式。在"音频剪辑混合器"面板中可以看到音频轨道分为两个通道，即左（L）声道和右（R）声道，如果音频素材的声音使用的是单声道，就可以在Premiere Pro 2024中对其声道效果进行改变；如果音频素材使用的是双声道，则可以在两个声道之间实现音频特有的效果。另外，在声音的效果处理上，Premiere Pro 2024为用户提供了多种处理音频的特殊效果，这些特效跟视频特效一样，可以很方便地将其添加到音频素材上，并能转换成帧，方便对其进行编辑与设置。

10.1.2 音频轨道

Premiere Pro 2024的"时间轴"面板中有两种类型的轨道，即视频轨道和音频轨道，音频轨道位于视频轨道的下方，如图10-3所示。

将带有音频的视频素材从"项目"面板拖入"时间轴"面板时，Premiere Pro 2024会自动将素材中的音频放到相应的音频轨道上，如果把视频剪辑放在V1视频轨道上，则剪辑中的音频会被自动放置在A1音频轨道上，如图10-4所示。

图10-3

图10-4

在"时间轴"面板中处理素材时，用户可以使用"剃刀工具" ◢ 来分割视频剪辑，操作时，与该剪辑链接在一起的音频素材会被同时分割，如图10-5所示。若不想视、音频素材同时被分割，则可以选择视频剪辑素材，执行"剪辑"→"取消链接"命令；或者右击视频剪辑素材，在弹出的快捷菜单中选择"取消链接"选项，如图10-6所示，可以使剪辑中的视频与音频断开链接。

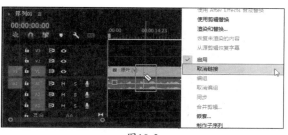
图10-5

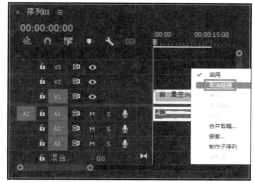
图10-6

10.1.3 调整音频持续时间

音频的持续时间是指音频的入点和出点之间的素材持续时间，因此可以通过改变音频的入点或者出点位置来调整音频的持续时间。在"时间轴"面板中，使用"选择工具" ▶ 直接拖动音频的边缘，可以改变音频轨道上音频素材的长度，如图10-7所示。

此外，用户还可以右击"时间轴"面板中的音频素材，在弹出的快捷菜单中选择"速度/持续

时间"选项，如图10-8所示，在打开的"剪辑速度/持续时间"对话框中调整音频的持续时间，如图10-9所示。

图10-7

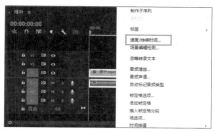
图10-8

图10-9

> **提示**
>
> 在"剪辑速度/持续时间"对话框中，还可通过调整音频素材的"速度"参数来改变音频的持续时间，改变音频的播放速度后会影响音频的播放效果，音调会因速度的变化而改变。同时，播放速度变化了，播放时间也会随着改变。需要注意的是，这种改变与单纯改变音频素材的出、入点而改变持续时间是不同的。

10.1.4 音量的调整

在对音频素材进行编辑时，经常会遇到音频素材固有音量过高或者过低的情况，此时就需要对素材的音量进行调节，以满足项目制作需求。调节素材的音量有多种方法，下面简单介绍两种调节音频素材音量的操作方法。

1. 通过"音频剪辑混合器"调节音量

在"时间轴"面板中选择音频素材，然后在"音频剪辑混合器"面板中拖动相应音频轨道的音量调节滑块，如图10-10所示，向上拖动滑块为增大音量，向下拖动滑块为减小音量。

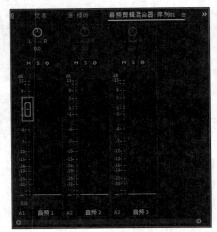

图10-10

2. 在"效果控件"面板中调节音量

在"时间轴"面板中选择音频素材，在"效果控件"面板中展开素材的"音频"效果属性，然后通过设置"级别"参数来调节所选音频素材的音量大小，如图10-11所示。

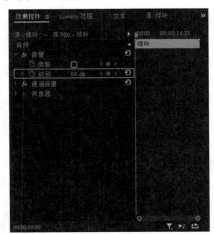

图10-11

在"效果控件"面板中，可以为所选择的音频素材参数设置关键帧，制作音频关键帧动画。单击一个音频参数右侧的"添加/移除关键帧"按钮

🔘，如图10-12所示，然后将播放指示器移至下一时间点，调整音频参数，Premiere Pro 2024会自动在该时间点添加一个关键帧，如图10-13所示。

图10-12

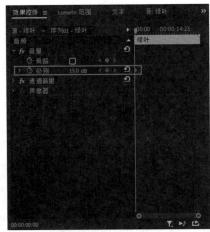

图10-13

📙 10.1.5　实例：调整音频增益及速度

下面以实例的形式演示如何调整音频增益及其速度。

STEP 01 启动Premiere Pro 2024，按快捷键Ctrl+O，打开素材文件夹中的"调整音频增益.prproj"项目文件。进入工作界面后，可以看到"时间轴"面板中已经添加好的素材，如图10-14所示。在"节目"监视器面板中可以预览当前素材效果，如图10-15所示。

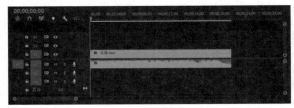

图10-14

图10-15

STEP 02 右击"时间轴"面板中的"公路.mp4"素材，在弹出的快捷菜单中选择"速度/持续时间"选项，如图10-16所示。

图10-16

STEP 03 打开"剪辑速度/持续时间"对话框，在其中修改音频的"速度"为85%，如图10-17所示，完成后单击"确定"按钮。

图10-17

> 💡 **提示**
>
> 在"剪辑速度/持续时间"对话框中，还可以设置"持续时间"参数来精确调整音频素材的时长。

STEP 04 选择"公路.mp4"素材，执行"剪辑"→"音频选项"→"音频增益"命令，如图10-18所示。

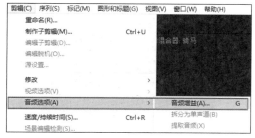

图10-18

STEP 05 打开"音频增益"对话框，在其中设置"调整增益值"为5dB，如图10-19所示，完成后单击"确定"按钮。

图10-19

STEP 06 完成上述操作后，可在"节目"监视器面板中预览音频效果。

10.2 使用音频剪辑混合器

"音频剪辑混合器"面板可以实时混合"时间轴"面板各轨道中的音频素材。用户可以在该面板中选择相应的音频控制器进行调整，以调节它在"时间轴"面板中对应轨道中的音频素材。通过"音频剪辑混合器"可以很方便地把控音频的声道、音量等属性。

10.2.1 认识"音频剪辑混合器"面板

"音频剪辑混合器"面板由若干个轨道音频控制器、主音频控制器和播放控制器组成，如图10-20所示。其中轨道音频控制器主要是用于调节"时间轴"面板中与其对应轨道上的音频。轨道音频控制器的数量跟"时间轴"面板中音频轨道的数量一致，轨道音频控制器由控制按钮、声道调节滑轮和音量调节滑杆三部分组成。

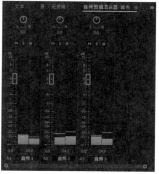

图10-20

下面对"音频剪辑混合器"面板中主要按钮进行具体介绍。

1.控制按钮

轨道音频控制器的控制按钮主要用于控制音频调节器的状态，下面分别介绍各按钮名称及其功能作用。

- ■ "静音轨道"按钮：主要用于设置轨道音频是否为静音状态，单击该按钮后，变为绿色，表示该音轨处于静音状态；再次单击该按钮，取消静音状态。
- ■ "独奏轨道"按钮：单击该按钮，激活状态为黄色，此时其他普通音频轨道将会自动被设置为静音模式。
- ■ "写关键帧"按钮：单击该按钮，激活状态为蓝色，可用于对音频素材进行关键帧设置。

2. 声道调节滑轮

声道调节滑轮如图10-21所示，主要是用来实现音频素材的声道切换。当音频素材为双声道音频时，可以使用声道调节滑轮来调节播放声道。在滑轮上方，按住鼠标左键向左拖动滑轮，则输出左声道的音量增大，向右拖动滑轮则输出右声道的音量增大。

图10-21

3. 音量调节滑杆

音量调节滑杆如图10-22所示，主要用于控制当前轨道音频素材的音量大小，按住鼠标左键向上拖动滑块增加音量，向下拖动滑块减小音量。

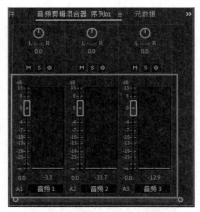

图10-22

📷 10.2.2 实例：使用"音频剪辑混合器"调节音频

如果"时间轴"面板中的音频素材出现音量过高或过低的情况，用户可选择在"效果控件"面板中对音量进行调整，也可以选择在"音频剪辑混合器"中更为直观便捷地调控音频音量。

STEP 01 启动Premiere Pro 2024软件，按快捷键Ctrl+O，打开素材文件夹中的"音频.prproj"项目文件。进入工作界面后，可以看到"时间轴"面板中已经添加好的两段音频素材，如图10-23所示。

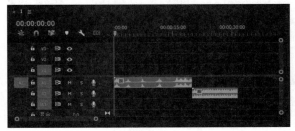

图10-23

STEP 02 分别预览两段音频素材，会发现第一段音频素材的音量过低，而第二段音频素材的音量过高。

STEP 03 打开"音频剪辑混合器"面板，然后在"时间轴"面板中将时间指示器定位到A1轨道中的第一段音频素材范围内，此时在"音频剪辑混合器"面板中可以看到，该段音频素材对应的音量调节滑块位于-40.0的位置，如图10-24所示。

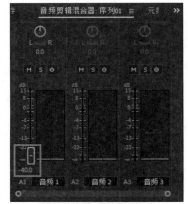

图10-24

STEP 04 将音量滑块向上拖至0.0的位置，以此来提高素材音量，如图10-25所示。也可以选择在下方的数值框中直接输入数值0.0。

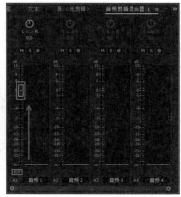

图10-25

STEP 05 在"时间轴"面板中将时间指示器定位到A2轨道中的第二段音频素材范围内,此时在"音频剪辑混合器"面板中可以看到,该段音频素材对应的音量调节滑块位于0位置,如图10-26所示。

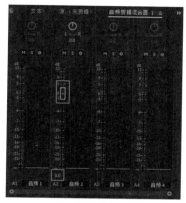

图10-26

STEP 06 将音量滑块向下拖至-8的位置,以此来降低素材音量,如图10-27所示。也可以选择在下方的数值框中直接输入数值-8。

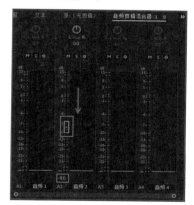

图10-27

STEP 07 完成上述操作后,可在"节目"监视器面板中预览音频效果。

10.3 音频效果

Premiere Pro 2024具有完善的音频编辑功能,在"效果"面板的"音频效果"栏中提供了大量的音频特殊效果,可以满足多种音频效果的编辑需求。下面简单介绍一些常用的音频效果。

10.3.1 多功能延迟效果

一般来说,延迟效果可以使音频产生回音效果,"多功能延迟"效果则可以产生4层回音,并能通过调节参数,控制每层回音发生的延迟时间与程度。

添加音频效果的方法与添加视频效果的方法一致。在"效果"面板中展开"音频"效果卷展栏,将其中的"多功能延迟"效果拖曳添加到需要应用该效果的音频素材上,如图10-28所示。

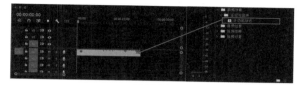

图10-28

完成效果的添加后,在"效果控件"面板中可对其进行参数设置,如图10-29所示。

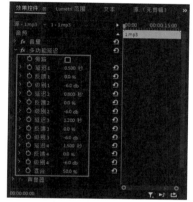

图10-29

"多功能延迟"效果的主要参数介绍如下。

● 延迟1/2/3/4:用于指定原始音频与回音之间的时间长度。
● 反馈1/2/3/4:用于指定延迟信号的叠加程度,以控制多重衰减回声的百分比。
● 级别1/2/3/4:用于设置每层的回声音量强度。
● 混合:用于控制延迟声音和原始音频的混合比例。

10.3.2 带通效果

"带通"效果可以删除指定声音之外的范围或者波段的频率。在"效果"面板中展开"音频"效果卷展栏,在其中选择"带通"效果,将其拖至需要应用该效果的音频素材上,还可以在"效果控件"面板中对其进行参数调整,如图10-30所示。

"带通"效果的主要参数介绍如下。

● 旁路:可以临时开启或关闭施加的音频特效,以便和原始声音进行对比。
● 切断:数值越小,音量越小;数值越大,音量越大。
● Q:用于设置波段频率的宽度。

图10-30

10.3.3 低通 / 高通效果

"低通"效果用于删除高于指定频率界限的频率，从而使音频产生浑厚的低音效果；"高通"效果则用于删除低于指定频率界限的频率，使音频产生清脆的高音效果。

在"效果"面板中展开"音频"效果卷展栏，在其中选择"低通"或"高通"效果，将效果添加到音频素材上，可在"效果控件"面板中对效果进行参数调整，如图10-31所示。

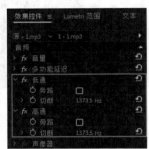

图10-31

10.3.4 低音 / 高音效果

"低音"效果用于提升音频波形中低频部分的音量，使音频产生低音增强效果；"高音"效果用于提升音频波形中高频部分的音量，使音频产生高音增强效果。

在"效果"面板展开"音频"效果卷展栏，将"低音"或"高音"效果添加到需要应用效果的音频素材上，可在"效果控件"面板中对效果进行调整，如图10-32所示。

图10-32

10.3.5 消除齿音效果

"消除齿音"效果可以用于对人物语音音频进行清晰化处理，可消除人物对着麦克风说话时产生的齿音。在"效果"面板中展开"音频"效果卷展栏，选择"消除齿音"效果，将其添加到需要应用该效果的音频素材上，可在"效果控件"面板中对其进行参数调整，如图10-33所示。在效果参数设置中，可以根据语音的类型和具体情况，选择对应的预设处理方式，对指定的频率范围进行限制，以便能高效地完成音频内容的优化处理。

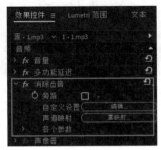

图10-33

> 📦 提示
>
> 可以在同一个音频轨道上添加多个音频效果，并分别进行控制。

10.3.6 音量效果

"音量"效果是指渲染音量可以使用音量效果的音量来代替原始素材的音量，该效果可以为素材建立一个类似于封套的效果，在其中设定一个音频标准。

在"效果"面板中展开"音频"效果卷展栏，选择"音量"效果，将其添加到需要应用该效果的音频素材上，可在"效果控件"面板中对其进行参数调整，如图10-34所示。

图10-34

> 📦 提示
>
> 在"效果控件"面板中只包含一个"级别"参数，该参数用于设置音量的大小，正值提高音量，负值降低音量。

10.3.7 实例：音频效果的应用

下面以添加"延迟"效果为例，使"时间轴"面板中的音频素材产生余音绕梁的效果，具体操作方法如下。

STEP 01 启动Premiere Pro 2024，按快捷键Ctrl+O，打开素材文件夹中的"音乐.prproj"项目文件。进入工作界面后，可以看到"时间轴"面板中已经添加好的音频素材，如图10-35所示。

STEP 02 在"效果"面板中，展开"音频"效果卷展栏，选择"延迟"效果，将其拖曳添加至"时间轴"面板中的音频素材中，如图10-36所示。

STEP 03 选择音频素材，在"效果控件"面板中设置"延迟"效果属性中的"延迟"参数为1.700秒、"反馈"参数为30.0%、"混合"参数为70.0%，如图10-37所示。

图10-35

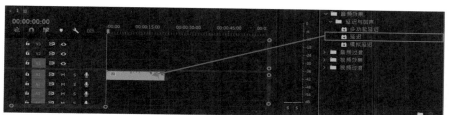

图10-36

图10-37

STEP 04 完成上述操作后，可在"节目"监视器面板中预览音频效果。

10.4　音频过渡效果

音频过渡效果，即通过在音频素材的首尾添加效果，使音频产生淡入淡出效果，或在两个相邻音频素材之间添加效果，使音频与音频之间的衔接变得柔和、自然。

10.4.1　交叉淡化效果

在"效果"面板中，展开"音频过渡"卷展栏，在其中的"交叉淡化"文件夹中提供了"恒定功率""恒定增益"和"指数淡化"三种音频过渡效果，如图10-38所示。

音频过渡效果的添加方法与添加视频过渡效果的方法相似，先将效果拖曳添加到音频素材的首尾或两个素材之间，如图10-39所示。

接着在"时间轴"面板中选中音频过渡效果，在"效果控件"面板中可以调整其持续时间、对齐方式等参数，如图10-40所示。

图10-38

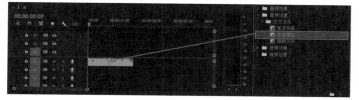

图10-39

图10-40

10.4.2　实例：实现音频的淡入淡出

在剪辑视频时，若添加的音乐和音频的开始和结束太突兀，会令其在整个剪辑中显得突兀，此时可以通过在音频首尾处添加淡化效果来实现音频的淡入淡出，使剪辑项目的衔接更加自然。

STEP 01 启动Premiere Pro 2024，按快捷键Ctrl+O，打开素材文件夹中的"淡入淡出.prproj"项目文件。

STEP 02 进入工作界面后，将"项目"面板中的"2023.mp4"素材添加到"时间轴"面板中，如图10-41所示。

图10-41

STEP 03 右击"时间轴"面板中的"2023.mp4"素材，在弹出的快捷菜单中选择"取消链接"选项，如图10-42所示。

STEP 04 解除视、音频链接后，选中A1轨道中的音频，按Delete键将其删除。接着，将"项目"面板中的"音频.wav"素材添加到A1轨道上，如图10-43所示。

STEP 05 在"时间轴"面板中，将时间指示器移至"2023.mp4"素材的末尾处，然后使用"剃刀工具"将"音频.wav"素材沿时间指示器所处位置进行切割，如图10-44所示。音频素材切割完成后，将时间指示器之后的部分删除。

STEP 06 在"效果"面板中展开"音频过渡"卷展栏，选择"交叉淡化"文件夹中的"恒定增益"效果，将其添加至"音频.wav"素材的起始位置，如图10-45所示。

STEP 07 在"时间轴"面板中单击"恒定增益"效果，进入"效果控件"面板，在其中设置"持续时间"为00:00:01:00，如图10-46所示。

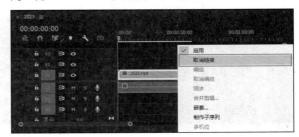

图10-42

图10-43

图10-44

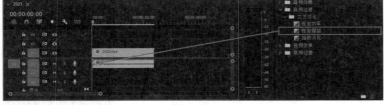

图10-45

图10-46

STEP 08 将"恒定增益"效果添加至"音频.wav"素材的结尾位置，如图10-47所示。

STEP 09 在"时间轴"面板中选择"恒定增益"效果，进入"效果控件"面板，在其中设置"持续时间"为00:00:01:00，如图10-48所示。

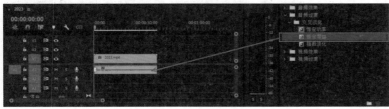

图10-47

图10-48

STEP 10 最终，在A1轨道上的音频素材包含了两个音频过渡效果，一个位于开始处对音频进行淡入，另一个位于结束处对音频进行淡出，如图10-49所示。

Premiere Pro 2024 从新手到高手

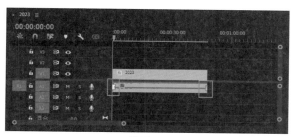

图10-49

择"取消链接"选项,如图10-51所示。

图10-50

📎提示

除了可以使用音频过渡效果来实现音频素材的淡入淡出,还可以通过添加"音量"关键帧来实现相同效果。

10.5 综合实例:制作喇叭广播音效

喇叭广播的声音会带有回声和重复的效果,所以通常会使用到"吉他套件"效果和"模拟延迟"效果。下面详细介绍制作喇叭广播音效的操作方法。

STEP 01 启动Premiere Pro 2024,执行"文件"→"打开项目"命令(快捷键Ctrl + O),打开素材文件夹中的"喇叭广播音效.prproj"项目文件。

STEP 02 进入工作界面后,可以看到"时间轴"面板中已经添加完成的素材,如图10-50所示。

STEP 03 选中"时间轴"面板中的"促销广告.mp4"素材文件并右击,在弹出的快捷菜单中选

图10-51

STEP 04 在"效果"面板中搜索"吉他套件"效果,将其拖至A1轨道的音频素材上,如图10-52所示。

STEP 05 在"效果控件"面板中单击"编辑"按钮,如图10-53所示,在弹出的面板中设置"预设"为"驱动盒",如图10-54所示。

STEP 06 在"效果"面板中选中"模拟延迟"效果,将其拖至A1轨道的音频素材上,如图10-55所示。再次播放音频,就可以听到回声效果。

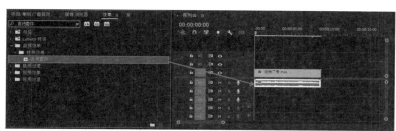

图10-52

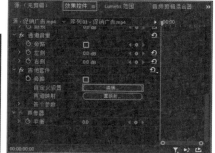

图10-53

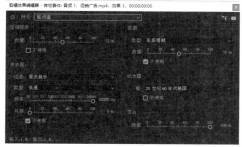

图10-54

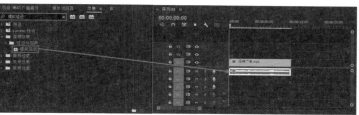

图10-55

第10章 音频的处理技巧

本章主要学习了如何在Premiere Pro 2024中为剪辑项目添加音频、对音频进行编辑和处理，以及音频效果、音频过渡效果的具体应用。

在Premiere Pro 2024中，通过为音频添加音效调整命令，或在"效果控件"面板、"音频剪辑混合器"面板中对音频参数进行调整，可获取想要的音频特殊效果。此外，在"音频效果"文件夹里提供了大量的音频效果，可以满足多种音频特效的编辑需求；在"音频过渡"文件夹里提供了恒定功率、恒定增益、指数淡化这三种简单的音频过渡效果，应用它们可以使音频产生淡入淡出效果，或使音频之间的衔接变得柔和自然。

第 11 章
美食活动快剪

快剪是一个常常出现在电影、电视剧和广告等媒体制作领域中的术语，指的是快速剪辑的技术，也称为快速切割或快速编辑。快剪技术最初出现在电影制作中，被广泛运用于动作片和悬疑片等类型的影片中，以强调紧张、刺激和激动人心的氛围。快剪不仅在电影制作中占据一席之地，也在广告和短片等领域中得到广泛应用。在广告制作中，快剪的运用可以帮助品牌推销产品或服务，通过快速的画面切换和音乐节奏的加速来吸引观众的目光和兴趣。本章将以美食活动快剪为例，讲解快剪视频的制作方法，案例效果如图11-1所示。

图11-1

11.1 添加音乐制作片头

一个有创意的片头能够引起观众的好奇心，激发他们的观看欲望，下面导入音乐素材制作片头效果，具体操作方法如下。

STEP 01 启动Premiere Pro 2024，创建一个名为"美食活动快剪"的项目，执行"文件"→"新建"→"序列"命令，或按快捷键Ctrl+N，打开"新建序列"对话框，如图11-2所示，保持默认设置，单击"确定"按钮。

图11-2

STEP 02 在"项目"面板的空白区域右击，在弹出的快捷菜单中选择"导入"选项，如图11-3所示。

图11-3

STEP 03 进入"导入"对话框，打开素材所在的文件夹，选择需要使用的素材，单击"打开"按钮，如图11-4所示，执行操作后，即可将选择的素材导入"项目"面板，如图11-5所示。

图11-4

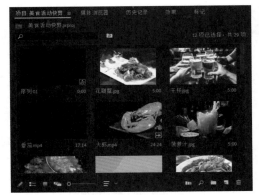

图11-5

STEP 04 将"音乐.wav"素材拖入"时间轴"面板，置于A1轨道上；将"MG不规则动态背景.mp4"素材拖入"时间轴"面板，置于V1轨道上，然后选中素材并右击，在弹出的快捷菜单中选择"速度/持续时间"选项，打开"剪辑速度/持续时间"对话框，修改"速度"为500%，如图11-6所示。

图11-6

STEP 05 使用"剃刀工具" 在00:00:01:28处对"MG不规则动态背景.mp4"素材进行分割，然后选中分割出的后半段素材，按Delete键删除，如图11-7所示。

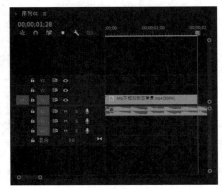

图11-7

STEP 06 将时间指示器移至视频起始位置，选择"文字工具" ，在"节目"监视器面板上单击并输入"美食"文字，再选择"选择工具" ，在"时间轴"面板中双击文字素材，打开"基本图形"面板，将"切换动画的位置"参数设置为

（412.6,510.4），将"字体"设置为"Adobe楷体std"，将"字体大小"设置为241，勾选"阴影"复选框，设置"颜色"为黑色、"不透明度"为75%、"距离"为20.1、"模糊"为40，如图11-8所示。

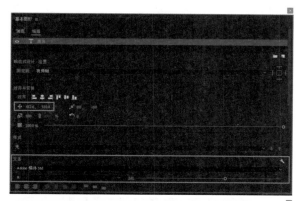

图11-8

STEP 07 执行操作后，即可在"节目"监视器面板中预览字幕效果，如图11-9所示。

图11-9

STEP 08 将时间指示器移至00:00:00:16处，按住Alt键，在"时间轴"面板中选中文字素材向上拖动，将其复制至V2轨道，如图11-10所示。双击复制的文字素材，打开"基本图形"面板，将"切换动画的位置"参数修改为（997.6,510.4），执行操作后，再在"节目"监视器面板中将"食"字修改为"客"字，字幕效果如图11-11所示。

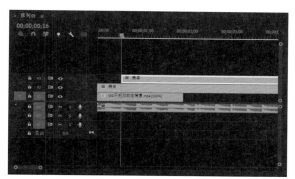

图11-10

图11-11

STEP 09 将时间指示器移至视频的起始位置，参照步骤06的操作方法添加"舌尖上的中国味道"字幕，并在"基本图形"面板中将"切换动画的位置"参数设置为（641.4,696.2），将"字体大小"设置为60，将"字间距"设置为692，字幕效果如图11-12所示。

图11-12

STEP 10 将时间指示器移至视频起始位置，在"时间轴"面板中选择"美食"字幕素材，在"效果控件"面板中单击"位置"属性前的"切换动画"按钮 ，将"位置"属性的参数设置为（-3.0,540.0），在当前时间点创建第一个关键帧，如图11-13所示。

STEP 11 将时间指示器移至00:00:00:16处，将"位置"属性的参数设置为（960.0,540.0），即可自动创建第二个关键帧，如图11-14所示。

STEP 12 将时间指示器移至00:00:00:16处，在"时间轴"面板中选择"美客"字幕素材，在"效果控件"面板中单击"位置"属性前的"切换动画"按钮，将"位置"属性的参数设置为（1859.0,540.0），在当前时间点创建第一个关键帧，如图11-15所示。

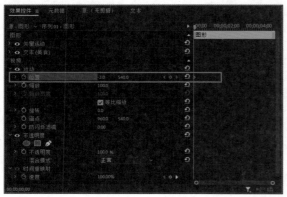

图11-13

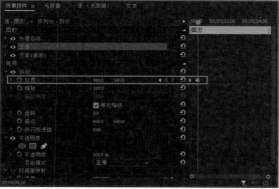

图11-14

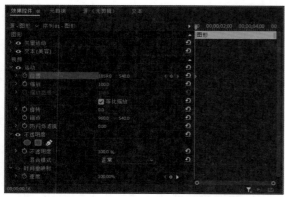

图11-15

STEP 13 将时间指示器移至00:00:00:25处，将"位置"属性的参数设置为（960.0,540.0），即可自动创建第二个关键帧，如图11-16所示。

STEP 14 将时间指示器移至视频起始位置，在"时间轴"面板中选择"舌尖上的中国味道"字幕素材，在"效果控件"面板中单击"不透明度"属性前的"切换动画"按钮 ，将"不透明度"属性的参数设置为0.0%，在当前时间点创建第一个关键帧，如图11-17所示。

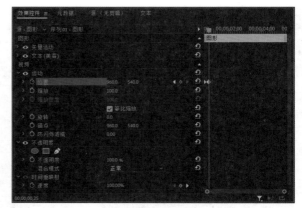

图11-16

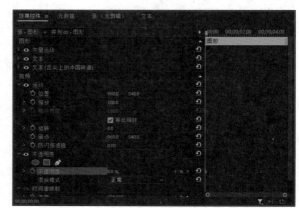

图11-17

STEP 15 将时间指示器移至00:00:00:16处，将"不透明度"属性的参数设置为100%，即可自动创建第二个关键帧，如图11-18所示。

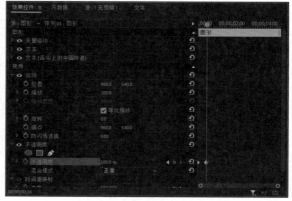

图11-18

STEP 16 使用"剃刀工具" 在00:00:01:07处依次对字幕素材进行分割，然后选中分割出的后半段素材，按Delete键删除，如图11-19所示。

STEP 17 参照步骤06的操作方法，分别在00:00:01:07～00:00:01:18、00:00:01:18～00:00:01:28时间段添加"快来品尝"和"你喜爱的美食"字幕，如图11-20所示。

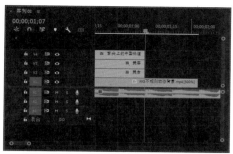

图11-19

图11-20

STEP 18 执行操作后，即可在"节目"监视器面板中预览"快来品尝"和"你喜爱的美食"字幕效果，如图11-21所示。

图11-21

图11-21（续）

11.2 添加素材和快闪字幕

制作完视频片头之后，下面选取合适的素材片段并将其添加至"时间轴"面板，制作快闪字幕，具体操作方法如下。

STEP 01 将"烤串.mp4"素材拖入"时间轴"面板，置于V1轨道上，使用"剃刀工具" 🔪 在00:00:03:00处对其进行分割，然后选中分割出的后半段素材，按Delete键删除，如图11-22所示。

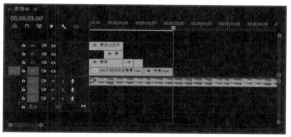

图11-22

STEP 02 使用同样的方法，将其他素材添加至"时间轴"面板中，并使用"剃刀工具" 🔪 进行剪辑，素材的具体设置如表11-1所示。

表11-1

素材名称	所在轨道	起　　点	终　　点	速　　度
生蚝.mp4	V2	00:00:01:23	00:00:03:00	100%
羊排.mp4	V1	00:00:03:00	00:00:03:21	100%
烤鸭.mp4	V1	00:00:03:21	00:00:04:12	100%
番茄.mp4	V1	00:00:04:12	00:00:05:14	260%
小龙虾出盘.mp4	V1	00:00:05:14	00:00:06:05	100%
油焖大虾.mp4	V2	00:00:05:14	00:00:05:14	100%
冰镇小龙虾.mp4	V3	00:00:05:14	00:00:05:14	100%
大虾.mp4	V1	00:00:05:14	00:00:06:26	100%
十三香龙虾.mp4	V1	00:00:06:26	00:00:07:18	100%
蒜香龙虾.mp4	V1	00:00:07:18	00:00:07:29	100%
麻辣龙虾.mp4	V1	00:00:07:29	00:00:08:09	100%
香辣龙虾.mp4	V1	00:00:08:09	00:00:08:19	100%

STEP 03 选择"文字工具" 🅣 ，分别在00:00:08:19～00:00:09:00、00:00:09:00～00:00:09:11时间段添加"应有尽有"和"快来品尝吧"字幕，如图11-23所示。

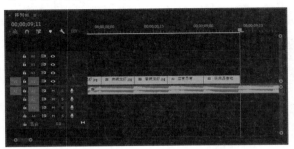

图11-23

STEP 04 执行操作后，即可在"节目"监视器面板中预览"应有尽有"和"快来品尝吧"字幕效果，如图11-24所示。

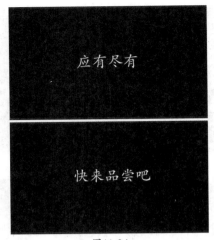

图11-24

STEP 05 使用步骤01的操作方法，在"时间轴"面板中添加其他美食素材，并使用"剃刀工具" 🔪进行剪辑，具体设置如表11-2所示。

表11-2

素 材 名 称	所 在 轨 道	起　　点	终　　点
小龙虾和饮料.jpg	V1	00:00:09:11	00:00:09:21
花雕蟹.jpg	V1	00:00:09:11	00:00:10:02
烧烤海鲜龙虾.jpg	V1	00:00:10:02	00:00:10:19
烧烤美食.jpg	V1	00:00:10:19	00:00:11:00
火鸡.jpg	V1	00:00:11:00	00:00:11:14
牛排.jpg	V1	00:00:11:14	00:00:11:25

STEP 06 选择"文字工具" 🅣 ，分别在00:00:11:25～00:00:12:05、00:00:12:05～00:00:12:16、00:00:12:16～00:00:12:26时间段添加"还可以""去户外露营""边吃边玩"字幕，如图11-25所示。

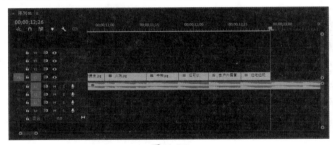

图11-25

STEP 07 执行操作后，即可在"节目"监视器面板中预览字幕效果，如图11-26所示。

图11-26

STEP 08 使用步骤01的操作方法，在"时间轴"面板中添加露营素材，使用"剃刀工具" 🔪进行剪辑，具体设置如表11-3所示。

表11-3

素材名称	所在轨道	起点	终点
露营.jpg	V1	00:00:12:26	00:00:13:07
家庭户外露营.jpg	V1	00:00:13:07	00:00:13:19
家庭户外露营自拍.jpg	V1	00:00:13:19	00:00:13:28

STEP 09 选择"文字工具" **T**，在00:00:13:28～00:00:14:09时间段添加"和朋友一起畅饮"字幕，如图11-27所示。

STEP 10 使用步骤01的操作方法，在"时间轴"面板中添加关于饮品和聚餐的素材，并使用"剃刀工具" **◇**进行剪辑，具体设置如表11-4所示。

图11-27

表11-4

素材名称	所在轨道	起点	终点
菠萝汁.jpg	V1	00:00:14:09	00:00:14:19
聚会.jpg	V1	00:00:14:19	00:00:15:00
干杯.jpg	V1	00:00:15:00	00:00:15:10
聚餐.jpg	V1	00:00:15:10	00:00:15:21

STEP 11 选择"文字工具" **T**，在00:00:15:21～00:00:16:02、00:00:16:02～00:00:16:19、00:00:16:19～00:00:17:03时间段添加"让你""吃得满足""玩得开心"字幕，如图11-28所示。

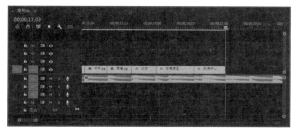

图11-28

11.3 制作分屏效果

完成素材的基本处理之后，为避免视频画面单一，可以为视频制作分屏效果，具体操作方法如下。

STEP 01 在"效果"面板中搜索"裁剪"效果并将其拖至"生蚝.mp4"素材上，如图11-29所示。

STEP 02 选中"生蚝.mp4"素材，在"效果控件"面板的"裁剪"属性栏中，将"左侧"参数值设置为40.0%，如图11-30所示。

图11-29

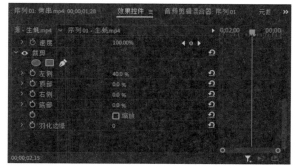

图11-30

STEP 03 选中"烤串.mp4"素材，在"效果控件"面板中将"位置"参数设置为（823.0,540.0）；选中"生蚝.mp4"素材，在"效果控件"面板中将"位置"参数设置为（1127.0,540.0），执行操作后，即可在"节目"监视器面板中预览分屏效果，如图11-31所示。

图11-31

STEP 04 选中"小龙虾出盘.mp4"素材，在"效果控件"面板中将"位置"参数设置为（487.0,807.0），将"缩放"参数设置为76.0；选中"油焖大虾.mp4"素材，在"效果控件"面板中将"位置"参数设置为（1446.0,814.0），将"缩放"参数设置为52.0；选中"冰镇小龙虾.mp4"素材，在"效果控件"面板中将"位置"参数设置为（1445.0,252.0），将"缩放"参数设置为52.0，执行操作后，即可在"节目"监视器面板中预览分屏效果，如图11-32所示。

图11-32

STEP 05 选中"蒜香龙虾.jpg"素材，在"效果控件"面板中将"位置"参数设置为（1171.0, 540.0），在"裁剪"属性栏中，将"左侧"参数设置为13.0%，将"右侧"参数设置为11.0%，如图11-33所示。

图11-33

STEP 06 执行操作后，在"节目"监视器面板中预览画面效果，如图11-34所示。

图11-34

STEP 07 选中"麻辣龙虾.jpg"素材，在"效果控件"面板中将"位置"参数设置为（1104.0, 540.0），将"缩放"参数设置为85.0，画面效果如图11-35所示。

图11-35

STEP 08 选中"香辣龙虾.jpg"素材，在"效果控件"面板中将"位置"参数设置为（1116.0, 540.0），将"缩放"参数设置为24.0，画面效果如图11-36所示。

图11-36

11.4 添加图形和字幕

下面为视频添加字幕，并使用图形对字幕加以修饰，制作好看的主题文字展示效果，为视频作品锦上添花，具体操作方法如下。

STEP 01 将时间指示器移至"烤串.mp4"和"生蚝.mp4"素材的起点,选择"矩形工具"■,在"节目"监视器面板的正中间绘制一条竖线,再在"基本图形"面板中调整线条的位置,使其位于两个画面的交界处,然后将颜色设置为白色,画面效果如图11-37所示。

图11-37

STEP 02 使用同样的方法在画面中绘制两个矩形,并在"基本图形"面板中调整其位置、大小、颜色和不透明度,画面效果如图11-38所示。

图11-38

STEP 03 将时间指示器移至"烤串.mp4"和"生蚝.mp4"素材的起点,选择"文字工具"■,在"节目"监视器面板上单击并输入"烧"字,在"基本图形"面板中将"字体大小"设置为201、"颜色"设置为黑色,并调整其位置,将其置于白色矩形之中。再使用同样的方法在视频中添加"烤"字,将颜色设置为白色,将其置于黑色矩形之中,画面效果如图11-39所示。

图11-39

STEP 04 将时间指示器移至00:00:02:10处,在"时间轴"面板中调整黑色矩形素材和"烤"字素材的持续时间,使其起点和时间指示器的位置对齐,终点和"生蚝.mp4"素材的终点对齐,如图11-40所示。

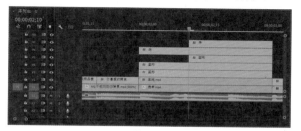

图11-40

STEP 05 将时间指示器移至"羊排.mp4"素材的起点,选择"文字工具"■,在"节目"监视器面板上单击并输入"羊排"文字,在"基本图形"面板中将"字体大小"设置为100、"颜色"设置为黑色,并勾选"背景"复选框,在"背景"属性栏中设置"不透明度"为80%、"大小"为15.6,如图11-41所示,然后调整好字幕的位置,将其置于画面左下角,如图11-42所示。

图11-41

图11-42

STEP 06 参照步骤04的操作方法,为"烤鸭.mp4"素材添加"烤鸭"字幕,置于画面右上角,如图11-43所示。为"小龙虾出盘.mp4""油焖大虾.mp4""冰镇小龙虾.mp4"素材添加"小龙虾"字幕,置于画面左上角,如图11-44所示。

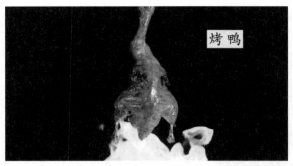

图11-43

图11-44

图11-45

图11-46

STEP 08 为"蒜香龙虾.jpg"素材添加"蒜香"字幕，置于画面左侧，如图11-47所示。为"麻辣龙虾.jpg"素材添加"麻辣"字幕，置于画面左侧，

如图11-48所示。为"香辣龙虾.jpg"素材添加"香辣"字幕，置于画面左侧，如图11-49所示。

图11-47

图11-48

图11-49

STEP 09 为"番茄.mp4"素材添加"食材新鲜"字幕，置于画面左侧，如图11-50所示。选择"矩形工具" ▢，在"节目"监视器面板的正中间绘制一个正方形，再在"基本图形"面板中为其添加白色描边，并调整其位置、大小、颜色和旋转角度，画面效果如图11-51所示。

图11-50

图11-51

STEP 10 使用同样的方法再在画面中添加三个图形，使其分别位于"材"字、"新"字和"鲜"字的下方，如图11-52所示。

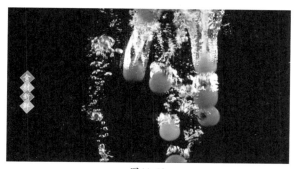

图11-52

STEP 11 选择"文字工具"，为"番茄.mp4"素材添加"用料考究"字幕，将其置于"食材新鲜"字幕的右侧，如图11-53所示。

图11-53

STEP 12 选择"矩形工具"，在"节目"监视器面板的正中间绘制一个长方形，再在"基本图形"面板中为其添加白色描边，并调整其位置、大小和颜色，画面效果如图11-54所示。

STEP 13 使用同样的方法在"节目"监视器面板中绘制一个正方形，再在"基本图形"面板中调整其位置、大小、颜色和旋转角度，如图11-55所示。

STEP 14 选择"文字工具"，在"节目"监视器面板上单击并输入"美"文字，在"基本图形"面板中将"字体大小"设置为110、"颜色"设置为白

色，并勾选"阴影"复选框，在"阴影"属性栏中设置"颜色"为红色、"不透明度"为40%、"距离"为10.2、"大小"为8.8、"模糊"为30，如图11-56所示，然后调整好字幕的位置，将其置于"食材新鲜"字幕的上方，如图11-57所示。

图11-54

图11-55

图11-56

图11-57

STEP 15 使用同样的方法在"节目"监视器面板中输

入"味"字，在"基本图形"面板中将"字体大小"设置为150、"颜色"设置为红色、"阴影"颜色修改为白色，置于"用料考究"字幕的上方，如图11-58所示。

图11-58

11.5 制作关键帧动画

下面为图形和字幕制作关键帧动画，使其更具动感，吸人眼球，具体操作方法如下。

STEP 01 将时间指示器移至00:00:01:28处，在"时间轴"面板中选择白色矩形素材，在"效果控件"面板中单击"位置"属性前的"切换动画"按钮，将"位置"属性的参数设置为（288.0,498.0），在当前时间点创建第一个关键帧，如图11-59所示。

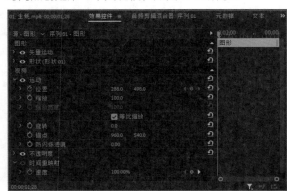

图11-59

STEP 02 将时间指示器移至00:00:02:10处，将"位置"属性的参数设置为（1177.0,498.0），即可自动创建第二个关键帧，如图11-60所示。

STEP 03 使用同样的方法在00:00:01:28～00:00:02:10时间段为"烧"字制作一个向右移动的关键帧动画。

STEP 04 将时间指示器移至00:00:02:10处，在"时间轴"面板中选择黑色矩形素材，在"效果控件"面板中单击"位置"属性前的"切换动画"按钮，将"位置"属性的参数设置为（2445.0,498.0），在当前时间点创建第一个关键帧，如图11-61所示。

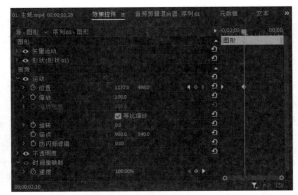

图11-60

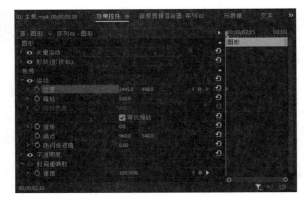

图11-61

STEP 05 将时间指示器移至00:00:02:19处，将"位置"属性的参数设置为（1507.0,498.0），即可自动创建第二个关键帧，如图11-62所示。

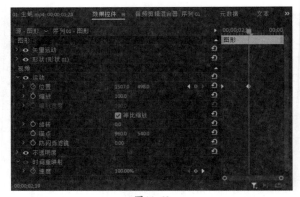

图11-62

STEP 06 使用同样的方法在00:00:02:10～00:00:02:19时间段为"烤"字制作一个向左移动的关键帧动画。在00:00:03:00～00:00:03:12时间段为"羊排"字幕制作一个向右移动的关键帧动画。在00:00:03:21～00:00:04:00时间段为"烤鸭"字幕制作一个向左移动的关键帧动画。在00:00:04:12～00:00:04:23时间段为"美"字制作一个向右移动的关键帧动画。在00:00:04:12～00:00:04:23时间段为"食"字制作一个向下移动的关键帧动画。在00:00:05:14～00:00:05:25时间段为"小龙虾"字幕制作一个向下移动的关键帧动画。在00:00:06:05～00:00:06:16时间段为"虾大"字幕制作一个向右移动的关键帧动画。在00:00:06:26～00:00:07:07时间段为"味足"字幕制作一个向左移动的关键帧动画。

11.6 制作片尾输出成片

下面为视频制作好看的片尾效果，并将影片输出为MP4格式视频文件，具体操作方法如下。

STEP 01 在"项目"面板中双击"MG不规则动态背景.mp4"素材，在"源"监视器面板对素材进行截取，将时间指示器移至00:00:42:04处，按I键标记素材入点，再将时间指示器移至00:00:48:01处，按O键标记素材出点，如图11-63所示。

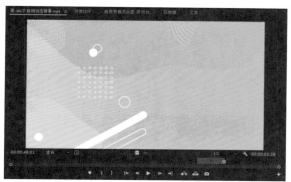

图11-63

STEP 02 将光标置于"源"监视器面板中的"仅拖动视频"按钮上，按住鼠标左键，将其拖入"时间轴"面板，如图11-64所示。

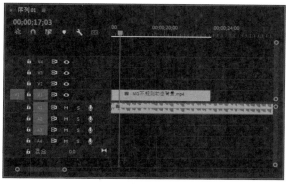

图11-64

STEP 03 在"时间轴"面板中选择新添加的"MG不规则动态背景.mp4"素材并右击，在弹出的快捷菜单中选择"速度/持续时间"选项，打开"剪辑速度/持续时间"对话框，修改"速度"为450%，如图11-65所示。

STEP 04 将时间指示器移至00:00:17:03处，选择"文字工具"，在"节目"监视器面板上单击并输入"第21届"文字，再打开"基本图形"面板，将"字体"设置为"华文行楷"，将"字体大小"设置为190，勾选"阴影"

图11-65

复选框，设置"颜色"为红色、"不透明度"为70%、"距离"为17.9、"大小"为9.1、"模糊"为50，如图11-66所示。

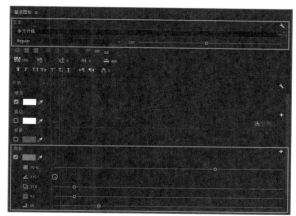

图11-66

STEP 05 选中"第21届"字幕素材，在"效果控件"面板中将"位置"属性的参数设置为（902.0，612.0），如图11-67所示。

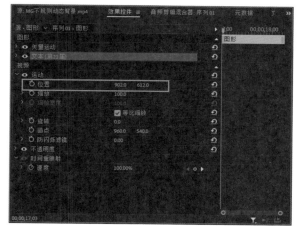

图11-67

STEP 06 执行操作后，即可在"节目"监视器面板中预览字幕效果，如图11-68所示。

STEP 07 参照步骤04～06的操作方法添加"美"字，并在"基本图形"面板中将"字体大小"设置为210，将字幕颜色设置为红色，将阴影颜色设置为白色，并设置阴影的"不透明度"为50%、"距离"为10.2、"大小"为8.8、"模糊"为30，再在"效果控件"面板中将其"位置"属性的参数设置为（1463.0,606.0），字幕效果如图11-69所示。

图11-68

图11-69

STEP 08 使用同样的方法添加"食"字，在"效果控件"面板中将其"位置"属性的参数设置为（1662.0,636.0），字幕效果如图11-70所示。

图11-70

STEP 09 使用同样的方法添加"节"字，在"效果控件"面板中将其"位置"属性的参数设置为（1875.0,612.0），字幕效果如图11-71所示。

STEP 10 在"节目"监视器面板上单击并输入"一湖南长沙一"文字，再打开"基本图形"面板，将"字体"设置为"Adobe楷体std"，将"字体大小"设置为66、"字间距"设置为401，勾选"阴影"复选框，设置"颜色"为黑色、"不透明度"为60%、"距离"为8.8、"大小"为4.4、"模糊"为11，如图11-72所示。然后调整位置，将其置于"第21届美

食节"字幕的下方，效果如图11-73所示。

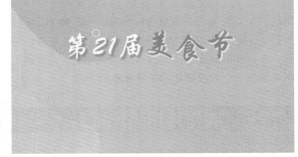

图11-71

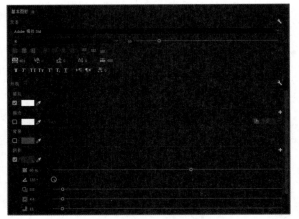

图11-72

图11-73

STEP 11 使用同样的方法添加"邀你尽情享受美食"字幕，将"字体大小"设置为75，然后调整位置，将其置于"一湖南长沙一"字幕的下方，如图11-74所示。

图11-74

STEP 12 将时间指示器移至00:00:18:13处，使用"剃刀工具"🔪在时间指示器的所在位置对音频和字幕素材进行剪辑，然后选中分割出来的后半段素材，按Delete键将其删除，如图11-75所示。

图11-75

STEP 13 执行"文件"→"导出"→"媒体"命令，或按快捷键Ctrl+M，找到"设置"面板，将"文件名"修改为"美食活动快剪"，如图11-76所示。

图11-76

STEP 14 单击"位置"右侧的蓝色文字，选择导出视频文件的位置，在打开的"另存为"对话框中，为输出文件设定名称及存储路径，如图11-77所示，完成后单击"保存"按钮，即可开始导出视频。

图11-77

STEP 15 导出完成后可在设定的存储文件夹中找到输出的MP4格式视频文件，并预览案例的最终完成效果，如图11-78所示。

图11-78

第12章
企业宣传片

企业宣传片是通过媒体手段传达企业文化的一种形式，同时具有广告片的特性，可以用于企业文化推广和产品宣传等方面。企业宣传片的目的是更好地向社会展示自我，彰显企业的实力，让社会上的人士对该企业有一个全面的认识。本章将详细讲解企业宣传片的制作方法，案例效果如图12-1所示。

图12-1

12.1 导入并选取适用素材

在正式进行视频的剪辑工作之前，首先需要导入素材，并选取合适的素材片段将其添加至"时间轴"面板，具体操作方法如下。

STEP 01 启动Premiere Pro 2024，创建一个名为"企业宣传片"的项目，执行"文件"→"新建"→"序列"命令，或按快捷键Ctrl+N，打开"新建序列"对话框，如图12-2所示，保持默认设置，单击"确定"按钮。

图12-2

STEP 02 在"项目"面板的空白区域右击，在弹出的快捷菜单中选择"导入"选项，如图12-3所示。

图12-3

STEP 03 进入"导入"对话框，打开素材所在的文

件夹，选择需要使用的素材，单击"打开"按钮，
如图12-4所示，执行操作后，即可将选择的素材导入
"项目"面板，如图12-5所示。

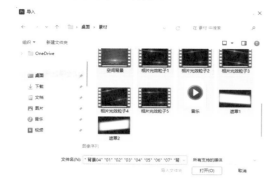

图12-4

图12-5

STEP 04 将"空间背景.mp4"素材拖入"时间
轴"面板，置于V1轨道上，使用"剃刀工具" 在
00:00:21:14处对其进行分割，然后选中分割出的后
半段素材，按Delete键删除，如图12-6所示。

图12-6

STEP 05 在"项目"面板中双击"01.mp4"素材，
在"源"监视器面板对素材进行截取，将时间指示器
移至00:00:16:15处，按I键标记素材入点，再将时间
指示器移至00:00:19:21处，按O键标记素材出点，如
图12-7所示。

STEP 06 将光标置于"源"监视器面板中的"仅拖
动视频"按钮 上，按住鼠标左键，将其拖入"时间
轴"面板，置于V1轨道中的"空间背景.mp4"素材
的后方，如图12-8所示。

图12-7

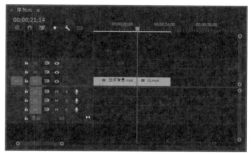

图12-8

STEP 07 将"02.mp4"素材拖入"时间轴"面板，
置于V1轨道上，使用"剃刀工具" 在00:00:27:26
处对其进行分割，然后选中分割出的后半段素材，按
Delete键删除，如图12-9所示。

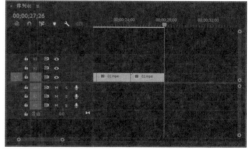

图12-9

STEP 08 将"03.mp4"素材拖入"时间轴"面板，
置于V1轨道上，使用"剃刀工具" 在00:00:31:01
处对其进行分割，然后选中分割出的后半段素材，按
Delete键删除，如图12-10所示。

图12-10

STEP 09 在"时间轴"面板中全选"01.mp4""02.mp4"和"03.mp4"素材并右击,在弹出的快捷菜单中选择"缩放为帧大小"选项,如图12-11所示。

图12-11

STEP 10 在"项目"面板中双击"空间背景.mp4"素材,在"源"监视器面板对素材进行截取,将时间指示器移至00:00:20:03处,按I键标记素材入点,再将时间指示器移至00:00:26:03处,按O键标记素材出点,如图12-12所示。

图12-12

STEP 11 将光标置于"源"监视器面板中的"仅拖动视频"按钮█上,按住鼠标左键,将其拖入"时间轴"面板,置于V1轨道中的"03.mp4"素材的后方,如图12-13所示。

图12-13

STEP 12 将"04.mp4"素材拖入"时间轴"面板,置于V1轨道上,使用"剃刀工具"█在00:00:40:08处对其进行分割,然后选中分割出的后半段素材,按Delete键删除,如图12-14所示。

图12-14

STEP 13 在"项目"面板中双击"空间背景.mp4"素材,将光标置于"源"监视器面板中的"仅拖动视频"按钮█上,按住鼠标左键,将入点和出点之间的片段拖入"时间轴"面板,置于V1轨道中的"04.mp4"素材的后方,如图12-15所示。

图12-15

STEP 14 在"项目"面板中双击"05.mp4"素材,在"源"监视器面板对素材进行截取,将时间指示器移动至00:00:02:03处,按I键标记素材入点,再将时间指示器移动至00:00:05:18处,按O键标记素材出点,如图12-16所示。

图12-16

STEP 15 将光标置于"源"监视器面板中的"仅拖动视频"按钮█上,按住鼠标左键,将其拖入"时间轴"面板,如图12-17所示。

STEP 16 在"项目"面板中双击"空间背景.mp4"素材,将光标置于"源"监视器面板中的"仅拖动视频"按钮█上,按住鼠标左键,将入点和出点之间的片段拖入"时间轴"面板,置于V1轨道中的"05.mp4"素材的后方,如图12-18所示。

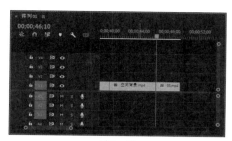

图12-17

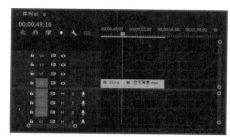

图12-18

STEP 17 将"06.mp4"素材拖入"时间轴"面板，置于V1轨道上，使用"剃刀工具" 在00:00:58:24处对其进行分割，然后选中分割出的后半段素材，按Delete键删除，如图12-19所示。

图12-19

STEP 18 在"项目"面板中双击"空间背景.mp4"素材，将光标置于"源"监视器面板中的"仅拖动视频"按钮 上，按住鼠标左键，将入点和出点之间的片段拖入"时间轴"面板，置于V1轨道中的"06.mp4"素材的后方，如图12-20所示。

图12-20

STEP 19 在"项目"面板中双击"05.mp4"素材，在"源"监视器面板对素材进行截取，将时间指示器移至00:00:06:22处，按I键标记素材入点，再将时间指示器移至00:00:10:01处，按O键标记素材出点，如图12-21所示。

图12-21

STEP 20 将光标置于"源"监视器面板中的"仅拖动视频"按钮 上，按住鼠标左键，将其拖入"时间轴"面板，如图12-22所示。

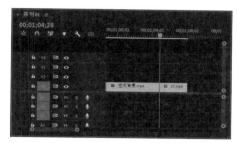

图12-22

STEP 21 在"项目"面板中双击"空间背景.mp4"素材，将光标置于"源"监视器面板中的"仅拖动视频"按钮 上，按住鼠标左键，将入点和出点之间的片段拖入"时间轴"面板，置于V1轨道中的"07.mp4"素材的后方，如图12-23所示。

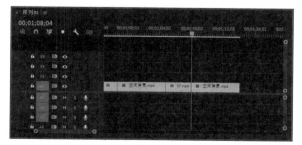

图12-23

12.2 为视频制作遮罩效果

完成素材的基本处理之后，为避免视频画面单一，可以使用"轨道遮罩键"制作遮罩效果，具体操作方法如下。

STEP 01 在"项目"面板中将"遮罩1.BMP"素材拖至V2轨道上，置于"01.mp4"素材的上方，如图12-24所示。画面效果如图12-25所示。

图12-24

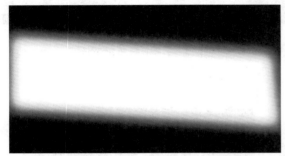

图12-25

STEP 02 在"效果"面板中搜索"轨道遮罩键"效果并将其拖至V1轨道的"01.mp4"素材上,在"效果控件"面板中设置"遮罩"为"视频2","合成方式"设置为"亮度遮罩",如图12-26所示,画面效果如图12-27所示。

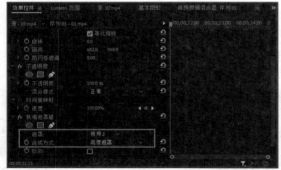

图12-26

图12-27

STEP 03 选中V1轨道的"01.mp4"素材,在"效果控件"面板中将"位置"参数设置为(960.0, 663.0),"缩放"参数设置为107.0,如图12-28所示,

图12-28

STEP 04 选中V2轨道的"遮罩1.BMP"素材,在"效果控件"面板中将"位置"参数设置为(960.0, 406.0),如图12-29所示。

图12-29

STEP 05 执行操作后,可以在"节目"监视器面板中预览画面效果,如图12-30所示。

图12-30

STEP 06 在"项目"面板中将"背景01.mp4"素材拖至V3轨道,置于"遮罩1.BMP"素材的上方,如图12-31所示。

STEP 07 选中"背景01.mp4"素材,在"效果控件"面板中设置"混合模式"为"滤色",如图12-32所示。

STEP 08 在"项目"面板中将"相片光效粒子1.mp4"素材拖至V3轨道,置于"背景01.mp4"素材的上方,并将其和"遮罩1.BMP"素材裁剪至与"01.mp4"素材同长,如图12-33所示。

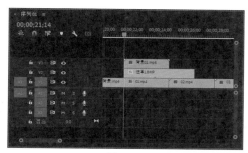

图12-31

图12-32

图12-33

STEP 09 选中"相片光效粒子1.mp4"素材，在"效果控件"面板中设置"混合模式"为"滤色"，如图12-34所示。

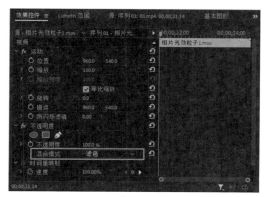

图12-34

STEP 10 选中"相片光效粒子1.mp4"素材，在"效果控件"面板中将"位置"参数设置为（927.0，529.0），将"缩放"参数设置为137.0，将"旋"

转"参数设置为−6°，如图12-35所示，画面效果如图12-36所示。

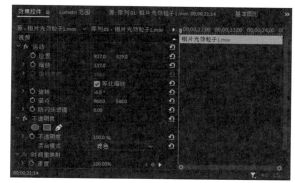

图12-35

图12-36

STEP 11 使用同样的方法为"02.mp4"素材制作遮罩效果，如图12-37所示。画面效果如图12-38所示。

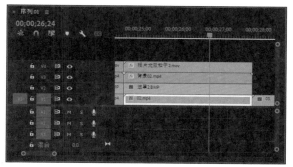

图12-37

图12-38

STEP 12 使用同样的方法为"03.mp4"素材制作遮罩效果，如图12-39所示。画面效果如图12-40所示。

图12-39

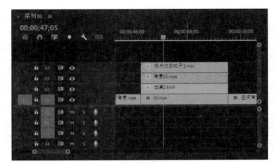

图12-43

图12-40

STEP 13 使用同样的方法为"04.mp4"素材制作遮罩效果,如图12-41所示。画面效果如图12-42所示。

图12-44

图12-41

图12-45

图12-42

STEP 14 使用同样的方法为"05.mp4"素材制作遮罩效果,如图12-43所示。画面效果如图12-44所示。

STEP 15 使用同样的方法为"06.mp4"素材制作遮罩效果,如图12-45所示。画面效果如图12-46所示。

STEP 16 使用同样的方法为"07.mp4"素材制作遮罩效果,如图12-47所示。画面效果如图12-48所示。

图12-46

图12-47

Premiere Pro 2024 从新手到高手

图12-48

12.3 为视频添加字幕

下面为视频添加字幕，制作好看的主题文字展示效果，为视频作品锦上添花，具体操作方法如下。

STEP 01 将时间指示器移至视频起始位置，选择"文字工具" **T**，在"节目"监视器面板上单击并输入文字内容，在"效果控件"面板中设置"字体"为"方正姚体"、"字体大小"参数为100、"填充"为白色，如图12-49所示，字幕效果如图12-50所示。

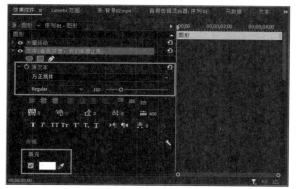

图12-49

图12-50

STEP 02 选中V2轨道的字幕素材，在"效果控件"面板中设置"缩放"参数为0.0、"不透明度"参数为0.0%，并单击"缩放"和"不透明度"前的"切换动画"按钮 **⌚**，生成关键帧，如图12-51所示。

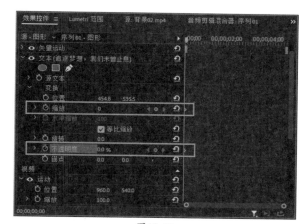

图12-51

STEP 03 将时间指示器移至00:00:00:10处，设置"缩放"参数为100.0、"不透明度"参数为100.0%，即可自动创建第二个关键帧，如图12-52所示。

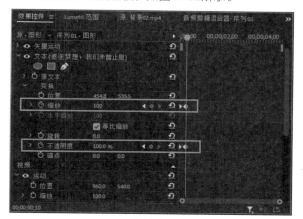

图12-52

STEP 04 在V2轨道中选中添加的字幕，按住Alt键，将其向后复制三份，并调整好最后一段字幕的时长，如图12-53所示。

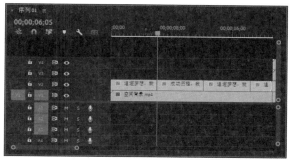

图12-53

STEP 05 选中V2轨道中的第2段字幕，在"节目"监视器面板中修改文字内容，效果如图12-54所示。

STEP 06 使用同样的方法修改余下两段字幕的文字内容，效果如图12-55和图12-56所示。

STEP 07 参照步骤01的操作方法在00:00:31:01～

00:00:37:03时间段添加字幕，字幕内容为"万众一心，共创未来"，效果如图12-57所示。

图12-54

图12-55

图12-56

图12-57

STEP 08 参照步骤01的操作方法在00:00:40:08～00:00:46:10时间段添加字幕，字幕内容为"凝聚智慧和力量"，效果如图12-58所示。

STEP 09 参照步骤01的操作方法在00:00:49:16～00:00:55:18时间段添加字幕，字幕内容为"同心协

力，破除万难"，效果如图12-59所示。

图12-58

图12-59

STEP 10 参照步骤01的操作方法在00:00:58:24～00:01:04:28时间段添加字幕，字幕内容为"跨越巅峰，迎战未来"，效果如图12-60所示。

图12-60

STEP 11 参照步骤01的操作方法在00:01:08:04～00:01:14:06时间段添加字幕，字幕内容为"做行业的领跑者一路奋进"，效果如图12-61所示。

图12-61

Premiere Pro 2024 从新手到高手

12.4　添加背景音乐

为视频添加好字幕之后，下面为视频添加背景音乐，使视频更具感染力，具体操作方法如下。

STEP 01 在"项目"面板中将"音乐.mp3"拖至A1轨道上，如图12-62所示。

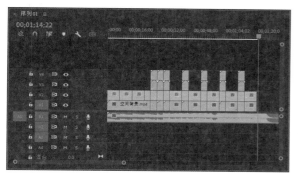

图12-62

STEP 02 将时间指示器移至00:01:14:22处，使用"剃刀工具"分割音频，如图12-63所示。

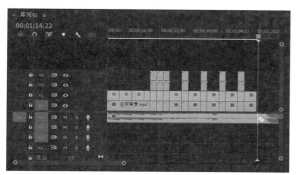

图12-63

STEP 03 将时间指示器移至00:01:08:20处，选中最后一段音频素材，向左拖曳，使其音频的起始位置与时间指示器对齐，如图12-64所示。

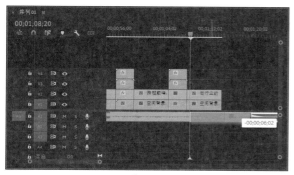

图12-64

STEP 04 用"剃刀工具"裁剪音频文件，并将多余的音频删除，如图12-65所示。

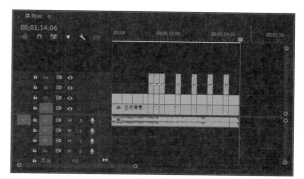

图12-65

12.5　输出最终成片

完成所有的剪辑工作之后，即可输出成片，下面讲解渲染并输出视频的操作方法。

STEP 01 执行"文件"→"导出"→"媒体"命令，或按快捷键Ctrl+M，找到"设置"面板，将"文件名"修改为"企业宣传片"，如图12-66所示。

图12-66

STEP 02 单击"位置"右侧蓝色文字，选择导出视频文件位置，在弹出的"另存为"对话框中，为输出文件设定名称及存储路径，如图12-67所示，完成后单击"保存"按钮，即可开始导出视频。

图12-67

导出完成后可在设定的存储文件夹中找到输出的MP4格式视频文件，并预览案例的最终完成效果，如图12-68所示。

图12-68（续）

图12-68